JN254113

きちんと知りたい

粒子分散液の作り方・使い方

第2版

小林敏勝
Kobayashi Toshikatsu

PARTICLE DISPERSED LIQUIDS

日刊工業新聞社

はじめに

－第２版の出版にあたり－

『きちんと知りたい粒子分散液の作り方・使い方』の初版発刊から８年が経過しました。この間、著者は粒子分散技術・コーティング技術に関するコンサルタントとして、旧職（塗料製造会社勤務）では経験できるはずもない、多くの産業・技術分野での粒子分散やその応用に関する経験をさせていただきました。

また、2022年12月には『トコトンやさしい粒子分散の本』の本を上梓いたしました。この本では、粒子分散の基本的な考え方や粒子分散液の性質と評価法、関連する界面現象、分散剤や分散機について平易に解説しています。2014年に元資生堂の福井寛博士と共著で上梓させていただいた『きちんと知りたい粒子表面と分散技術』（中堅～上級技術者向け）とともに、粒子分散に関係する基本概念（界面現象）や評価方法、分散剤、分散機について、項目ごとに順序だてて解説する教科書的な位置づけとなります。

本書は、上記の２冊と異なり、実際に現場技術者が遭遇するであろう疑問や課題についてQ&A形式で各論的に解説します。この点は初版と同じですが、第２版では、初版の「第１章　粒子分散液を作る」と「第２章　粒子分散液を使う」の２章構成から、３章構成としました。初版出版以降のコンサル業務での経験を踏まえ、粒子分散液を作る際にも、使う際にも共通して必要な知識・情報を、「第１章　粒子分散液を作る時・使う時に役立つ基礎知識」として独立させました。さらに、各設問（Q）に対する回答（A）は、冒頭で簡潔に回答の概略を太字で示し、続いて詳細や原理的な側面を記述する形式に改め、より理解を深めやすいようにしました。

第１章の「粒子分散液を作る時・使う時に役立つ基礎知識」は、「粒子分散液とは」「粒子分散液の性質とその評価」「分散に関与する粒子の性質」「「溶かす」・「混じる」・「濡らす」を支配する因子」の４節構成とし、初版よりも設問（Q）項目を増加させました。また最近、溶解性（度）パラメーター（SP）が各方面で注目され、セミナーなどでも取り上げられています。しかし、粒子分散への適用にあたっては種々の制約もありますので、粒子分散液の製造と使用にあたっての共通知識として取り上げ、内容も粒子分散への適用を念頭に加筆修正いたしました。

「第２章　粒子分散液を作る」、「第３章　粒子分散液を使う」については、それぞれ、初版の第１章、第２章を踏襲していますが、共通の知識を新第１章に分離するとともに、より作り方・使い方に重点を置いた記述に改めています。

粒子分散液に関わる全ての技術者に、本書がお役に立つことを念じております。

2025年２月

小 林 敏 勝

きちんと知りたい粒子分散液の作り方・使い方　第2版

目　次

第1章　粒子分散液を作る時・使う時に役立つ基礎知識

第3章 粒子分散液を使う

第1章 粒子分散液を作る時・使う時に役立つ基礎知識

第1.1節　粒子分散液とは

Q 1-1-1

粒子分散液とは何ですか？ なぜ必要なのですか？

A1-1-1

液体や固体の粒子を微細化し、液中に均一に分布させた液体のことを、「粒子分散液」と呼びます。本書では主に固体粒子の分散液を取り上げます。粒子分散液を作成する目的には、**図1-1**に示すように「①異なる物性を持つ物質の複合化による機能の創出」、「②物質の形状の変更・微細化・造形」、「③移送方法やハンドリングの改善・効率化」などが挙げられます。

分散された固体粒子を含んだ、流動性のある液体を「粒子分散液」と呼びます。粒子分散液は、使用される業界や液の流動状態によって、「スラリー（slurry）」や「ペースト（paste）」とも呼ばれます。厳密な定義はありませんが、スラリーは主成分がほとんど溶剤と粉体粒子で、流動性はサラサラやサクサクといったイメージです。ペーストは、これに油脂や樹脂などが入って、流動性がヌルヌル、ベタベタ、ボテボテとしたものを指すことが多いようです。また、樹脂が溶解しているだけで粒子を含まないものも、ペーストと呼ばれることがあります。粒子分散液を総称して「サスペンション（suspension）」と呼ぶこともあります。

産業分野で、これら粒子分散液を作成する目的には、①異なる物性を持つ物質の複合化による機能の創出、②物質の形状の変更・微細化・造形、③移送方法やハンドリングの改善・効率化、などが挙げられます（図1-1）。

①には、塗料やインク、フィラー充填プラスチックなどが該当します。例えば、塗料では、マトリクス樹脂（バインダー樹脂）の耐久性や付着性、柔軟性と、顔料粒子の鮮やかな発色や光を散乱・吸収する能力、硬さを組み合わせて（複合化）、被塗物に付着するとともに劣化環境から保護し、色彩や美粧性を与

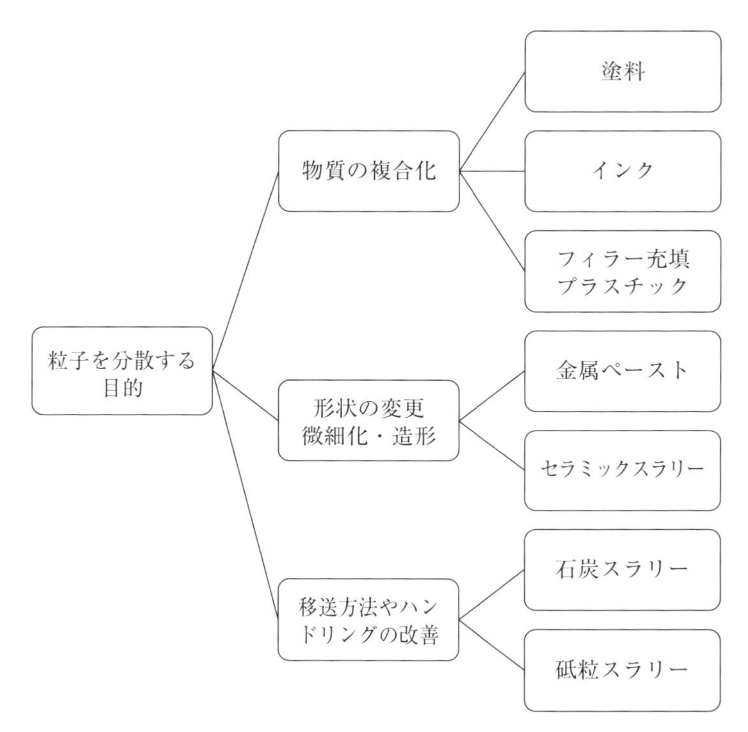

図 1-1　粒子を分散する目的

えるという高度な機能が発現されます。フィラー充填プラスチックでも、マトリクス樹脂の性能を補完・向上させるために、球状や繊維状の粒子が複合化され、硬度や強靭性が付与されます。

②には、金属粒子やセラミックス粒子のペースト・スラリーなどが該当します。金、銀、ニッケルなどを、地金や箔から直接、繊細な配線パターンにすることは困難ですが、ペースト状にしておいてスクリーン印刷やディスペンサーを用いれば、簡単に希望のパターンや形状に加工することができます。また、岩石から直接、茶碗や皿を作ろうとすると大変ですが、土を水でこねて粘土状にし、型に嵌(は)めたり、ろくろで捻ったりして、造形した後に焼成すれば簡単です。岩石や土というとピンと来ないのですが、陶器や磁器は古くから知られており、原料の粘土や長石・珪石などの主成分はシリカやアルミナなどの無機物

で、セラミックスと総称されます。最近ではアルミナやジルコニアなどのセラミックス粒子をスラリーにして、鋳型に注入して精密な形状に造形されています。

③には、石炭スラリーや砥粒スラリーなどの例があります。石炭は固体なのでハンドリング（小分け、量り込みなどの操作）や貯蔵・移送が面倒な上に、粉塵などの問題がありますが、石炭を微粉化して高濃度で水に分散させたCWM（Coal Water Mixture）とすることで、粉塵飛散がなくハンドリングしやすい流体とすることができます。砥粒スラリーは、ダイヤモンドやアルミナなどの研磨材微粉を水や有機溶剤に分散させたもので、薄膜型磁気ヘッドの製造工程などで用いられます。

産業分野で用いられる粒子分散液は、その目的に応じて必要な性質が異なりますが、共通しているのは、粒子が凝集塊を形成せずに、分散液中に均一に存在することです。1カ所に偏っていたり、直ぐに沈降分離したりするようでは使い物になりません。

また、粒子を分散させることで、粒子の持っている性質を最大限に発揮させることが可能となります。例えば①の塗料で、顔料がマトリクス樹脂を着色する能力は、顔料粒子の粒子径が小さいほど、大きくなります。また②の金属粒子による配線パターンの形成でも、粒子が解凝集して1つ1つの粒子に分散されていることで、微細なパターンの形成が可能となります。

さらに、時間の経過や温度の変化などで、凝集や粘度上昇など、分散状態が変化しないことも、実際に使用する際には重要となります。

粒子を微細化し、微細化された状態を安定化させる粒子分散工程は、上述の、塗料やインク、フィラー充填プラスチック、金属粒子やセラミックス粒子のペースト・スラリー、石炭スラリーや砥粒スラリーの他、化粧品、食品、セメントなど、多様な工業分野での製品の製造過程では重要なプロセスです。

Q 1-1-2

１次粒子と２次粒子という言葉をよく耳にしますが、どういうことですか？

A1-1-2

粒子分散液の作成方法では、大きな固まりを液中で粉砕する方法と、粒子の凝集体を液中で解凝集する（解砕と呼ぶ）方法があります（Q2-1-2 参照）。後者の方法で出発物質となる凝集塊を構成している１つ１つの単位粒子を「1 次粒子」と呼びます。また、１次粒子が複数個集まった凝集体を「2 次粒子」と呼びます。

通常、1次粒子は有機化合物または無機化合物の結晶です。結晶軸が一方向に完全にそろっている粒子は単結晶体（crystallite）、領域によって結晶軸の方向が異なる粒子を多結晶体（crystal）と呼びます。さらに、これらの結晶体が融着などにより一部の面を共有して、強く凝集している場合があり、このような凝集粒子をアグリゲート（aggregate）と呼びます。一般的な分散機では、アグリゲートをそれ以上小さく解砕することが難しく、この意味でアグリゲートも1次粒子に入ります。2次粒子はアグロメレート（agglomerate）と呼ばれることもあります（図1-2）。

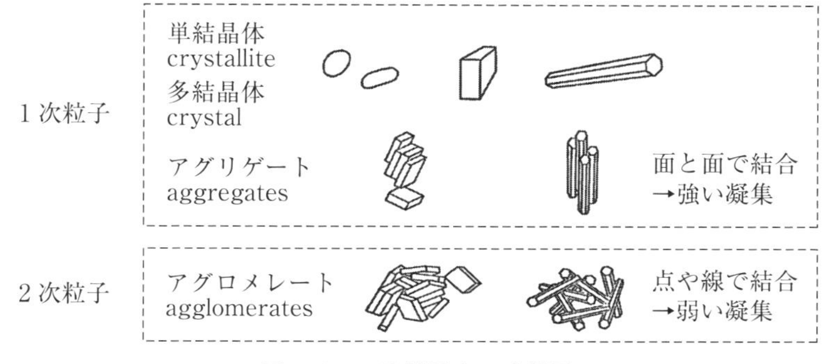

図 1-2　１次粒子と２次粒子

Q 1-1-3

１次粒子はどのような形をしていますか？ 分散とは関係がありますか？

A1-1-3

１次粒子の形状には、**図1-3**に示すような様々な形状があります。また周縁部や表面が、比較的滑らかであったり、ギザギザであったりと、物質により異なります。
一般論ですが、異方性の大きな粒子ほど、破砕や変形が生じやすく、また、分散液が擬塑性流動を示すことが多いです。

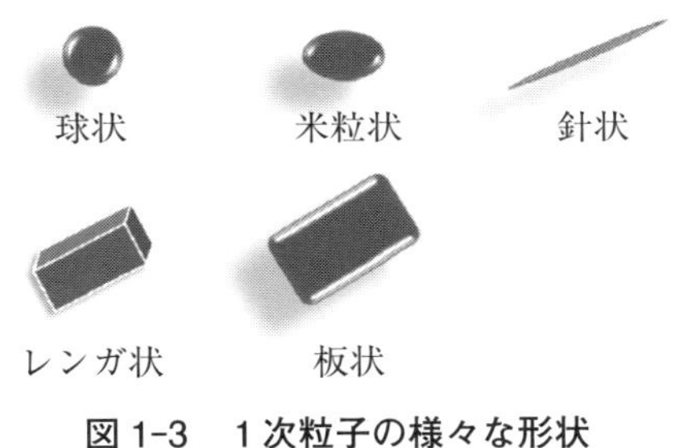

図 1-3　１次粒子の様々な形状

板状や針状など異方性の高い粒子は、分散の時に、強い衝撃力やせん断力が作用すると、変形したり折れたりするので、分散機の選定や運転条件の設定には注意が必要です。また、先端部や端面部は他の箇所に比べて活性化することが多く、一度分散しても、分散液中で先端や端面同士が引き合ってフロキュレート（Q1-2-4参照）を形成します。その結果、粒子分散液が擬塑性流動（ボテボテとした流動挙動）を示しやすくなります。

Q 1-1-4

粒子分散液にはどのような成分が含まれていますか？

A1-1-4

粒子の分散液であるという性格上、粒子と溶剤（水または有機溶剤）は必須成分ですが、ほとんどの粒子分散液では分散剤が含まれています。さらに、必要に応じて沈降防止剤、消泡剤、防腐剤などの添加剤が少量含まれることがあります。

分散剤についての詳細は第2章第2.5節を参照してください。分散剤には低分子のもの（界面活性剤）と高分子のものがあります。一般的に、前者のほうが使用量は少なくて済みますが、分散安定化能力は後者のほうが優れています。塗料やインキなどバインダー樹脂を加えて最終製品とするような使用方法では、分散剤とバインダー樹脂の相溶性に注意が必要で、相溶性が不良であれば、粒子分散液とバインダー樹脂を混合する際に粒子凝集や増粘などの不具合が生じます。分散剤の分子量が大きいほど相溶するバインダー樹脂の選択の幅が狭くなります。

沈降防止剤は粒子分散液の粘度を増加させて、大比重・大粒子径の粒子が沈降するのを防止する目的で添加されます。消泡剤は主に水性系の粒子分散液に添加され、分散液を攪拌した際に生じる気泡の生成を抑制したり、消泡を促進したりします。防腐剤も主に水性系で用いられ、分散液の保管中に細菌や微生物が繁殖して、分散液の変質や異臭の発生を防止します。これら添加剤についての詳細は他の書籍[1]を参照してください。

分散剤も含めて各種添加剤の存在は、粒子分散液を使用した最終製品の諸耐久性能（耐水性、耐候性、耐熱性など）、皮膜の力学的性質（硬度、伸び率など）、基材への密着性などに影響を与えることがあります。

1）小林敏勝：「塗料大全」, p.150, 日刊工業新聞社（2020）

第 1.2 節　粒子分散液の性質とその評価

Q 1-2-1

粒子分散液は一度作ってしまえば、ずっと安定に保存できますか？

A1-2-1

粒子分散液は、**図 1-4**のような変化が生じやすいという性質があります。

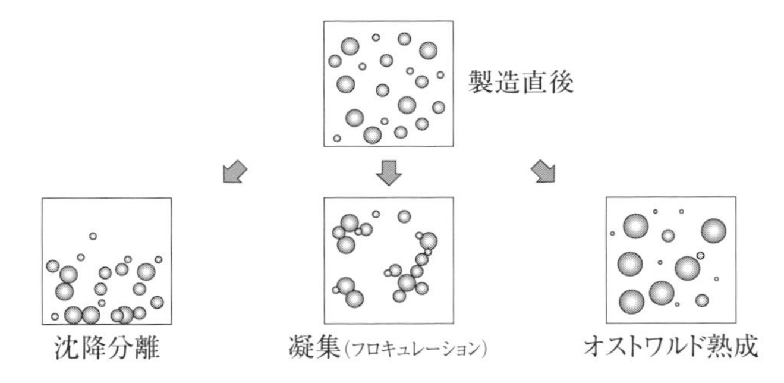

図 1-4　粒子分散液で生じる変化

重力の影響で粒子は沈降します。粒子径が大きいほど、また、液相との比重差が大きくて液相の粘度が低いほど、沈降は速くなります（Q3-1-2参照）。

粒子間にはファン・デル・ワールス（Van der Waals）力などの引力が働くので、高分子吸着や表面電荷による反発力が十分でないと凝集します。この際には、大きな凝集体がいきなり生じるのではなく、近接した粒子同士が線状につながった凝集体が生成します。このような凝集を「フロキュレーション」、凝集体を「フロキュレート」と呼びます。

「オストワルド熟成」は、小さな粒子（表面分子の活性が高い）の表面から分子が液相中に飛び出し（溶解し）、大きな粒子表面に再析出して安定化することにより、粒子径が増加するとともに、小さな粒子が消滅して粒子径分布がシャープになる現象です。

Q 1-2-2

粒子分散液が擬塑性流動を示すことが多いのはなぜですか？

A1-2-2

擬塑性流動とは、液体の流動速度が増加するほど粘度が低下する流動挙動のことです。粒子が存在しない場合には流動速度が変化しても粘度はほぼ一定で、このような流動挙動は「ニュートニアン流動」と呼ばれます。粒子が存在し、かつ、分散安定性が不十分でフロキュレート（Q1-2-1参照）が生成していると、粒子分散液は擬塑性流動を示します。

まず、粘度という物性値について考えてみます。**図1-5**は粘度を考える時によく使用されるモデルで、液体を、「何層もの薄いシート（面積A）が積み重なって厚さ（深さ）dになったもの」と考えます。それぞれのシート間には摩擦力（実際の液体では粘性抵抗力）が働いています。

一番上のシートに力Fが作用して、液体（薄いシート）が速度Vで移動（流動）するとします。シート間には摩擦力が働いているので、下のシートも移動するのですが、速度は下にいくに従って遅くなり、最下層のシートは停止しています。つまり速度勾配V/dが生じています。この速度勾配を「ずり速度（せん断速度）」と呼びます。実際に、川の流れでも中央部や川面は流れが速く、川岸や川底に近づくほど流れは遅くなり、岸辺や川底ではほとんど流れていません。

シートの面積はAなので、単位表面積当たりの力はF/Aとなります。これを「ずり応力（せん断応力）」と呼びます。粘度はずり応力をずり速度で割ったものです。

つまり、「粘度は、ある速度勾配を持たせて液体を流し続けるために加え続けなければならない力と、速度勾配との比である」と言えます。単純に、「液体を、ある速さで流し続けるのに必要な力」と考えても大きな齟齬はありませ

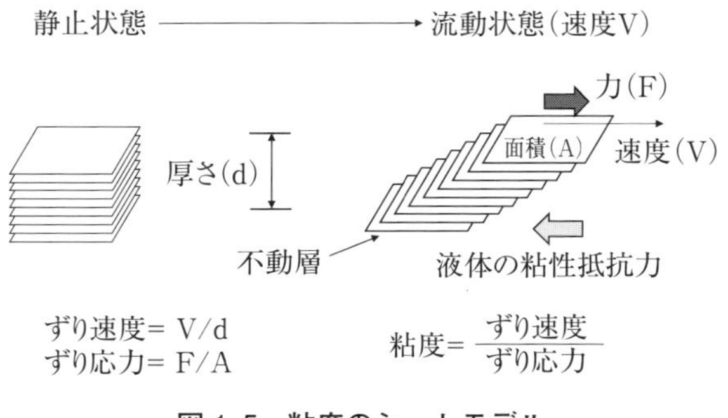

図 1-5　粘度のシートモデル

ん。同じ速さで流すのに、より大きな力が必要な液体ほど粘度が高いということになります。

次に粒子分散液の粘度について考えます。分散安定性が良好で、粒子がバラバラであれば、さほど大きな力を加えなくてもシートをずらすことができます。つまり粘度は低く、粒子分散液はサラサラと流動します。一方、シートをまたがってフロキュレートが生成すると、これを壊す分の力が余分に必要となり、粘度は高くなります。

フロキュレートは流動により壊れますが、回復してきます。回復の早さや程度は分散安定性（が不足している程度）に依存します。流動が遅い時には、回復してくるフロキュレートを壊し続けなければならず、このための力が必要です。一方、流動が速い場合には、最初にフロキュレートを壊してしまえば、回復が流動による破壊に追い付けないので、壊し続けるための力は必要ありません。つまり、流動速度（ずり速度）が小さい時には高粘度で、流動が速くなるほど低粘度となります。すなわち、流動性が擬塑性流動となり、感覚的にはボテボテとした流動性を示します。

さらに、網目構造が系全体にわたって形成されると、これを壊すのに必要な力を加えないと流動が始まりません。結果的に容器を少々傾けても粒子分散液は流出しません。このような流動性を示すものを「ビンガム流体」、流動が始まる時のずり応力を「降伏値」と呼びます。

Q 1-2-3

どのような視点で粒子分散液を評価すればよいでしょうか？

A1-2-3

粒子分散液の用途によって、様々な項目のチェックが必要と考えられますが、粒子分散液として共通する基本的なものは、分散度とフロキュレートの評価です。

1点目は、分散度の評価です。これは、どの程度まで粒子凝集体が解砕されているか、もしくは粉砕されているかという、粒子分散液中の粒子の大きさを評価することです。

もう1点は、フロキュレート形成の有無と、形成している場合のその程度の評価です。分散安定化が不十分な場合には、粒子同士の緩い相互作用で凝集するのですが、いきなり大きな凝集体を形成するのではなく、図1-4に示したように、粒子同士が鎖状につながった凝集体（フロキュレート）を形成します。Q1-2-2で説明したように、フロキュレートが形成された粒子分散液は、ボテボテとした擬塑性流動を示します。

分散安定化の不足している度合いが大きい時には、分散当初からミルベースがボテボテとした高粘度を示しますし、不足の度合いが軽微な場合でも、分散終了後、ミルベースを放置しておくと、フロキュレートが徐々に形成されて、粘度が増加していきます。

フロキュレートの形成は、分散安定化が不十分な証拠であり、貯蔵時の増粘や、ブツ（Seeding）と呼ばれる凝集体の発生につながりますので、その形成の有無と、形成している場合の、その程度の評価は重要です。

上記の2点の具体的な評価方法は、以降のQ&Aで説明します。

Q 1-2-4

「良い分散」というのはどういう状態ですか？

A1-2-4

コロイド科学的には、Q1-2-3の分散度とフロキュレート形成という２つの分散状態評価の視点で、良好な状態が良い分散と言えます。すなわち、分散度については、１次粒子まで解凝集されていること、粉砕の場合は所望の粒子径まで微粒化されていること、となります。フロキュレートは形成されていないことが良い分散です。

ここで、「良い分散」と「嬉しい分散」の区別をしておく必要があります。

工業分野で使用される粒子分散液は、保管・流通、塗布・印刷・成形、乾燥・硬化・焼成などを通じて、最終製品になりますが、粒子分散液に求められる性質は、用途やプロセスごとに異なります。

粒子の分散状態に関しても、その用途やプロセスに最適の状態が、「良い分散」と考えられていることが往々にしてあります。例えば、1次粒子径が100nmの機能性粒子の用途開発をしている中で、有力な応用先候補が見つかったとします。しかし、この用途では基材隠蔽等の都合で粒子径は300nmが好ましいとなった場合、既存の100nmの粒子が乾燥・凝集した状態から、「いい加減な分散」で数10個の1次粒子が凝集した状態の分散液で対応しようと考えがちです（図1-6のA）。このような分散液は、分散工程の途中で分散を中断したり、分散剤の量を所定量より少なくしたりすると製造することができます。しかし、前者の場合は保管中に分散が進行して基材隠蔽が不足、後者の場合は分散安定性が不良で顕著な擬塑性流動を示したり、貯蔵中にブツと呼ばれる粗大粒子が生成したりという不具合を生じやすくなります。本来は1次粒子径が300nmの粒子を新しく製造するべきなのです。

上記のような「いい加減な分散」で製造された分散状態が継続するのが当業

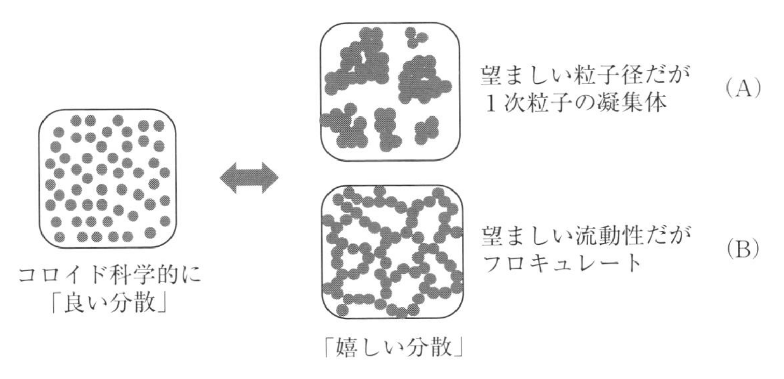

図 1-6 「良い分散」と「嬉しい分散」

者（粒子分散液を使用する人）には「嬉しい分散」で、「良い分散」と考えられがちです。

また、スクリーン印刷で塗工される厚膜インクの場合、版が離れた後、印刷されたパターンが垂れずに厚みを保っている必要があります。粒子がフロキュレートを形成していると（**図1-6のB**）、印刷時に大きな力が付加され、フロキュレートが壊れてスクリーンから流出してパターンを構成します。版が離れた後は、フロキュレートが再形成されて流動性がなくなるので垂れない、という望ましい状態になります。したがって、このような状態を実現し、商品の保証期間中は、その状態が継続する分散が、当業者にとっては「良い分散」となります。

ただし、フロキュレートが形成されるのは分散安定化が不十分な時ですから、上記の「良い分散」の状態は基本的に長続きしません。当業者にとっては「嬉しい分散」状態ではあるのですが、コロイド科学的に良い分散状態ではないからです。粒子同士のフロキュレートはなくして、増粘剤などによりインクとしての流動性をスクリーン印刷に適合化させるのが理想的です。

実際には、コストや物性、耐久性などの制約事項があり、粒子の分散を（なんとか苦心して）制御することで対応せざるを得ない場合もあります。その場合は、「良い分散」を追及しているのではなく、不安定な分散状態ではあるが、保証期間内だけは変化を極小化させるのだ、という認識で対応する必要があります。

Q 1-2-5

分散度を評価するには、どのような方法がありますか？

A1-2-5

分散液中の粒子径（とその分布）を計測します。**表1-1**に主な粒子径の計測方法と対応JIS番号、測定可能な粒子径の範囲、測定される粒子径を示します。

表1-1　分散度評価法・粒子径計測法

測定方法	対応 JIS 番号	測定可能粒子径範囲（μm） 0.01　0.1　1　10　100	測定される粒子径
粒ゲージ法	K5600-2-5		球相当径
光学／電子顕微鏡法	Z8827-1		長さ・面積
沈降速度法	Z8820 Z8823		ストークス径
光子相関法	Z8826		ストークス径
光回折法・散乱法	Z8825		球相当径
電気的検知帯法	Z8832		体積相当径
超音波減衰分光法			ストークス径

対応JIS番号で、Zから始まるものは粒子径の解析法や計測法に関するものであり、K5600-2-5は塗料関係のJISではあるものの、唯一、分散度の評価方法となっています。測定可能な粒子径の範囲は、メーカーや機種によっても異なりますので、あくまで目安と考えてください。

実在の粒子は球状であることが珍しく、ブロック状、針状、鱗片状など様々な形状をしているのですが、それぞれの測定方法で測定値として示される粒子径の意味合いを「測定される粒子径」として示しています。それが、光学/電子顕微鏡法を除いて、それぞれの方法で検出されるシグナルと同じシグナルを示す真球状粒子の粒子径となります。「ストークス径」というのは、粒子が外力で流体中を運動する時、その粒子と同じ速度で運動する真球状粒子の粒子径

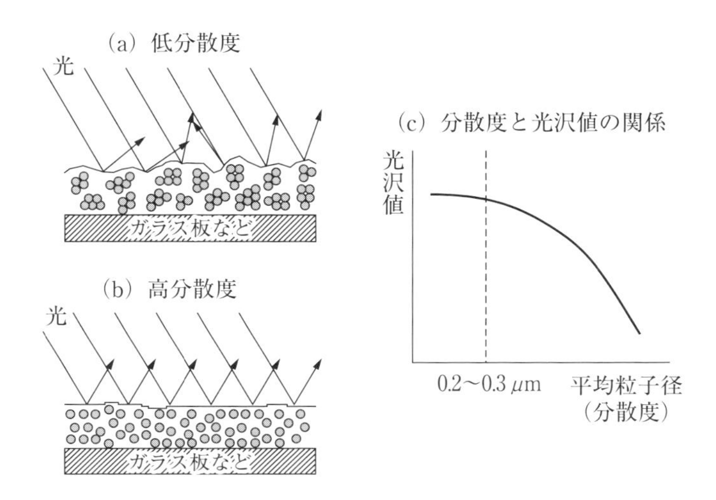

図 1-7　粒子分散液の分散度と乾燥被膜の平滑性および光沢値との関係

です。それぞれの測定法の原理や詳細、粒子分散度の評価に用いる際の注意点などは他の書籍[1)]を参照ください。

表1-1で粒ゲージ法を除いて、測定用試料の作成時に、分散度を評価したい粒子分散液を溶剤などで希釈する必要があるものが多く存在します。希釈により、凝集したり微粒化されたりすることが多いので、注意が必要です。希釈液に、少量の分散剤やバインダー樹脂を添加しておくと、凝集に効果がある場合があります。超音波減衰分光法や後方散乱光を利用する光子相関法は、比較的高濃度（体積濃度で10％以上）の試料が測定できるとされています（著者自身は測定の経験はありません）。

粒子分散液が高分子などの膜形成成分を含有する場合は、粒子分散液をガラス板などの平滑な表面に塗布、乾燥させると、**図1-7（a）**と**図1-7（b）**のように粒子の分散度によって表面の平滑性に差が出ます。表面の平滑性を光沢値（一定の角度から膜表面に入射した光の正反射率）で定量化すると、その値は○○ μmというように粒子径の絶対値ではありませんが、**図1-7（c）**に示すように、平均粒子径に依存することが知られています。したがって、光沢値を分散度の評価尺度として利用することができます。この方法は、粒子や高分子などの種類と配合量が、ほぼ一定である必要はありますが、希釈なしで分散度を定量化できます。ただし、光沢値は、平均粒子径が測定光波長の半分以下になると、それ以上は増加し難くなります。白色光源を用いる光沢計の場合には、平均粒子径が0.2～0.3 μm以下になると、光沢値は増加し難くなります。高分散度の分散液の場合、入射角度を小さくすると、比較的分散度に対する感度は上昇します。

塗布する基材は、ガラス板の他、PETシートやコート紙などでも可能です。工場で、同じ配合で何回も製造する際のロット管理などにも、分散度に相当する数値を簡便に評価、記録できるので便利です。

1）小林敏勝，福井寛:「きちんと知りたい粒子表面と分散技術」，p.92，日刊工業新聞社（2014）

コラム 1 顕微鏡で観察する時の粒子径の定義

光学顕微鏡や電子顕微鏡を使えば粒子の大きさは一目瞭然ですが、一つ一つの粒子形状は様々であり、粒子径の定義が重要です。よく使用される粒子径の定義を図に示します。例えば上から下のように一方向に見ていった時に、Feret（Green）径は粒子を挟む２本の平行線間の距離、Martin径は投影面積を２等分する線の長さ、Krummbein径は粒子の最大幅です。Heywood径は粒子の投影面積と同じ面積を持つ円の直径です。

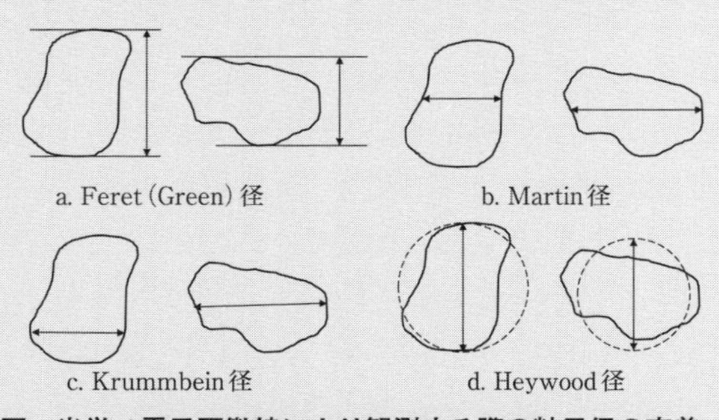

図　光学／電子顕微鏡により観測する際の粒子径の定義

Q 1-2-6

フロキュレートの評価はどのようにすればよいのですか？

A1-2-6

フロキュレートが生成していると粒子分散液は擬塑性流動を示します(Q1-2-2参照)。したがって、擬塑性流動の程度を定量化することによってフロキュレート生成の程度を評価することができます。

具体的には、回転粘度計を用いて粘度測定を行います。測定に用いる回転粘度計の試料充填部（測定部）として、**図1-8**に示す円錐－平板型（E型)、平行平板型、単一円筒型（B型）などが市販されていますが、ずり速度が測定部の場所によらず均一な円錐－円板型が適しています。

測定では、異なる回転数に対してそれぞれ粘度を計測します。粘度はQ1-2-2で説明したように、ずり応力とずり速度の比率です。粘度計の回転数を変

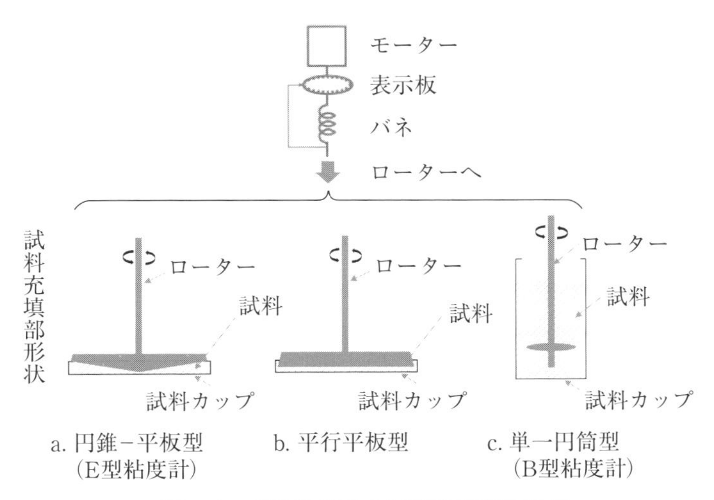

図 1-8　回転粘度計の試料充填部の形状

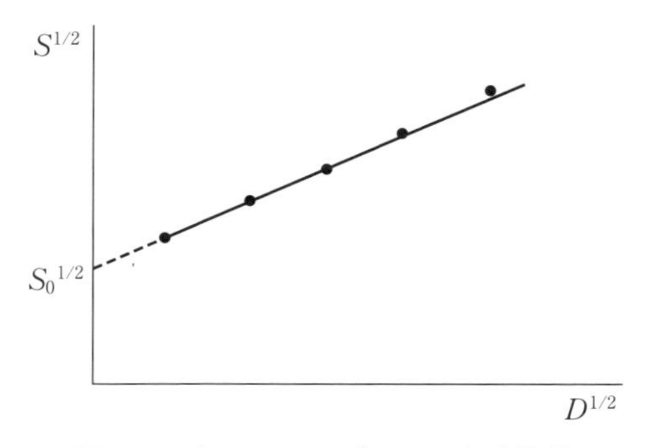

図1-9　キャッソンプロットと降伏値

化させることは、ずり速度を変化させることになります。フロキュレートの評価では、粘度の測定値をずり応力に変換します。回転数・粘度からずり速度・ずり応力への換算は、粘度計の取扱説明書などに記載されているはずです。

次に、ずり速度Dとずり応力Sの関係を座標上で示すのですが、ほとんどの粒子分散液では、DとSの間に、次のキャッソン（Casson）の式が成立することが知られています。$D^{1/2}$と$S^{1/2}$は直線関係になりますので、直線を外挿し、縦軸切片の値から降伏値S_0を求めます。この操作はキャッソンプロットと呼ばれます（**図1-9**）。

$$S^{1/2} = \eta_\infty{}^{1/2} D^{1/2} + S_0{}^{1/2} \qquad \text{式①}$$

降伏値S_0は、ずり速度ゼロの時の応力、すなわち、その粒子分散液が流動し始めるのに必要な力と考えることができます。ニュートニアン流動では、降伏値はゼロですが、フロキュレートが形成されていると、フロキュレートを壊さないと流動が始まりませんので、降伏値はフロキュレートを壊すための力と考えることができ、その値でフロキュレート形成の程度が評価できます。

Q 1-2-7

粒子分散液の流動性にはどのような種類がありますか？

A1-2-7

主な種類として、これまでに説明した「ニュートニアン流動」、「擬塑性流動」の他に、「ダイラタント流動」があります。また、関連する用語として「チキソトロピー」があります。

これらの種類は、ずり速度Dと粘度ηの関係で分類されます。Q1-2-2で説明したように、フロキュレートが形成されている場合には、ずり速度が大きくなるほど粘度は小さくなります（**図 1-10**の破線a)。粒子間に十分な反発力が働いてフロキュレートが無い場合には、どのようなずり速度で測定しても、粘度の値が一定なニュートニアン流動となります（図1-10の実線c)。

また、粒子濃度が最密充填状態に近いほどの高濃度では、粒子分散液が流動しようとすると、隣り合う粒子同士がお互いの位置を交換し合わなければならず、早く動かそうとすればするほど粒子同士の接触が激しくなり、これに打ち勝つために大きな力を加えなければなりません。結果的に、図1-10の一点鎖線bで示すように、ずり速度が大きくなるほど、粘度が高くなります。このような流動挙動は「ダイラタント流動」と呼ばれます。流動曲線の詳細については

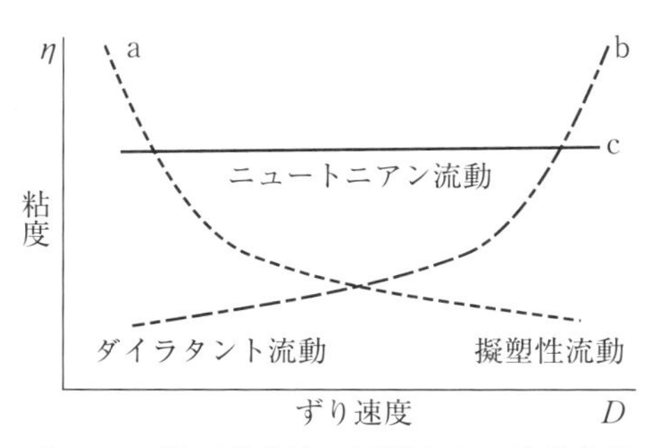

図 1-10　粒子分散液で観測される流動曲線

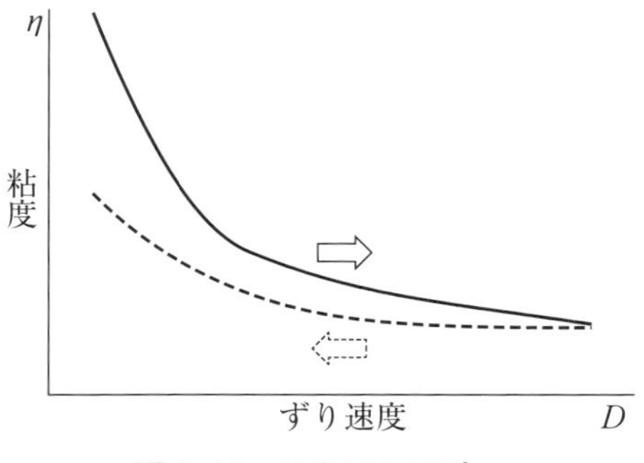

図1-11　チキソトロピー

他の書籍をご参照ください[1,2]。

上記のように、粒子分散液は、ずり速度によって粘度が異なることが多いので、粒子分散状態を理解するには、少なくとも2点、可能であれば使用する粘度計で測定可能な範囲内のずり速度で測定されることを推奨します。

フロキュレートは一度壊されると、直ぐには元通りには回復しません。したがって、ずり速度を低いほうから高いほうへ変化させて粘度を測定し、また、ずり速度を低いほうへ変化させて粘度を測定すると、**図1-11**のように、行き（実線）と帰り（破線）で、ずり速度が同じでも粘度が異なります。帰りの測定をする際に、各ずり速度に落して十分長い時間を置いてから粘度の数値を読むと、行きと帰りの差は縮まりますが、必要な放置時間は試料によって様々です。このように、元の粘度に回復するのに時間がかかる流動挙動を、「チキソトロピー（Thixotropy）」と呼びます。

粒子分散液はチキソトロピーを示すものが多いので、粘度測定の際には事前のかき混ぜ方や測定開始までの時間など、手順を一定にしておくことが重要です。

1）小林敏勝，福井寛：「きちんと知りたい粒子表面と分散技術」，p.100，日刊工業新聞社（2014）
2）中道敏彦：「よくわかる顔料分散」，p.133，日刊工業新聞社（2009）

第 1.3 節　分散性に関与する粒子の性質

Q 1-3-1

吸油量とはどんな量ですか？ 粒子分散と関係がありますか？

A1-3-1

顔料粉体の試験方法として、JIS K 5101-13-1：2004に示されており、一般論ですが吸油量が大きくなるほど分散は難しくなります。

JIS K 5101-13-1：2004では、一定量の顔料（粉体）を、ガラス板などの測定板に取り、パレットナイフなどで練りながら、酸価が5～7の亜麻仁油を加えていき、全体が塊になり、滑らかな硬さになるまでに要した亜麻仁油の量が吸油量と定義されます。塊状のペーストは、ボロボロになったりせず、広げることができ、かつ、測定板に軽く付着する程度である必要があります。

JIS K 6217-4：2008では、ゴム用カーボンブラックについて、測定装置などは異なりますが、「オイル吸収量」という同じような概念の用語があります。

試験に用いる油は、JIS K 5101-13-1：2004では亜麻仁油ですが、カーボンブラックではフタル酸ジブチル（Di-Butyl Phthalate；DBP）やパラフィンオイルなども用いられます。

油は粉体の表面を全て覆い、かつ粒子と粒子の隙間を埋めないと、全体が塊にはなりませんから、比表面積の大きな粉体ほど、大きな吸油量を示します。粒子径が小さければ、比表面積が大きくなるので吸油量は大きくなります。また、粒子表面が多孔質や、くびれがある粒子形状（Q2-1-4の 図2-4）の場合には、孔中やくびれ部分も油で満たさないと、粉体全体に油が行き渡って連続相にならないため、その分、吸油量は大きな値となります。

粒子径が小さい粉体ほど、吸油量が大きいですから、一般論として、「吸油量の大きな粉体は分散が難しい」ということになります。すなわち、分散剤の配合量が多く必要で、安定性が悪く、すぐ増粘したり凝集したりする、なかなか微粒化が進まない、ということが起こりやすいと言えます。

Q 1-3-2

ある粉体粒子について、比表面積と比重は分かるのですが、１次粒子径を見積もることはできますか？

A1-3-2

１次粒子の形状を真球と仮定し、比表面積をS、比重をρとすると、粒子径$a=\dfrac{6}{S\rho}$となります。

これは以下のようにして導くことができます（粒子半径をrとします）。

粒子１個の体積 $v=\dfrac{4}{3}\pi r^3$　式①

粒子１個の重量 $w=\rho v=\dfrac{4}{3}\pi\rho r^3$　式②

粉体単位重量あたりの粒子の個数 $n=\dfrac{1}{w}=\dfrac{3}{4\pi\rho r^3}$　式③

粒子１個の表面積 $\sigma=4\pi r^2$　式④

比表面積S＝粉体単位重量当たりの粒子の個数n×粒子１個の表面積σ

$$=\frac{3}{4\pi\rho r^3}\times 4\pi r^2=\frac{3}{\rho r}$$　式⑤

$a=2r$なので、$S=\dfrac{6}{\rho a}$、したがって$a=\dfrac{6}{S\rho}$　式⑥

実際の計算では、単位を考えないといけないのですが、粉体を扱う上で馴染み深い単位の、比表面積$m^2 \cdot g^{-1}$、比重$g \cdot cm^{-3}$、粒子径μmを用いると、そのまま、$a=\dfrac{6}{S\rho}$で大丈夫です。この結論は、粒子形状が立方体として計算しても同じになります。

実際の粒子は様々な形状をしていますし、粒子径の分布もありますので、上記の計算式で得られる値は目安にすぎません。ただし、粒子分散液を作成するに当たって、目的とする分散粒子径に対して、ある粉体が適しているか否か、言い換えれば、１次粒子まで解砕すれば目的とする分散粒子径に到達できるのか否か、ということに関する判断材料にはなると思います。

また、分散剤の配合量は、粒子の表面積に依存しますが、粒子径と比重がわかっていれば、比表面積も式⑥から計算で求めることができます。

Q 1-3-3

等電点というのは何ですか？ 分散に関係しますか？

A1-3-3

粒子をpH値の異なる水溶液に懸濁させると、一般的に金属や金属酸化物の粒子は、低pHでは正に帯電し、pH値の増加に伴い電荷は減少し、高pH値では負に帯電します。電荷がちょうどゼロになる点が等電点です。等電点は水性懸濁液中での帯電性や、酸塩基性の目安になるので、分散安定性を考える上で重要な情報です。

懸濁液のpHにより粒子の電荷が変化するメカニズムを、**図1-12**を用いて説明します。

金属や金属酸化物粒子の表面には、通常、酸化や水の吸着のため水酸基が存在します。この水酸基は、pH値の低い水溶液中ではH^+濃度が高いので、水酸

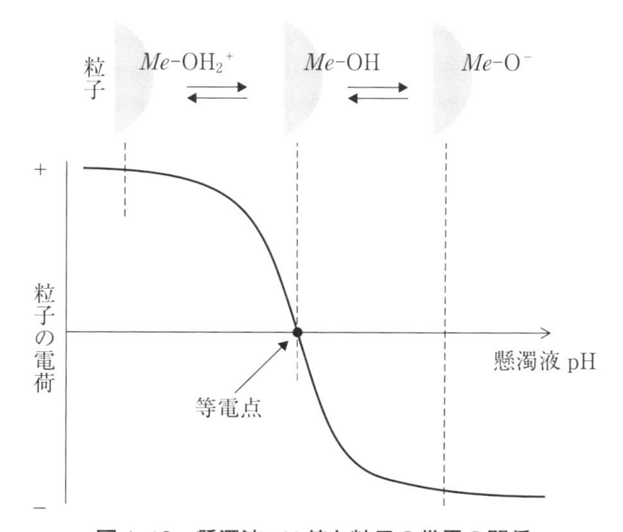

図 1-12　懸濁液 pH 値と粒子の帯電の関係

表1-2　金属酸化物の等電点[2)]

金属酸化物	等電点
α-Al_2O_3	9.1 ～ 9.2
α-Fe_2O_3	8.3
NiO	10.3
SiO_2	1.8 ～ 2.5
SnO_2	6.6 ～ 7.3
TiO_2（ルチル）	6.7
WO_3	0.5

基にH^+が付加して粒子表面は正に帯電します。pH値が増加するにつれてH^+濃度は減少するので水酸基への付加量も減少し、正の電荷量も減少します。あるpH値で電荷はゼロになり、それ以上大きなpHでは、H^+濃度が少ないので、表面の水酸基からH^+が引き抜かれて負に帯電するようになります。ちょうど電荷がゼロになる点が等電点です。

H^+が付加しやすいか、引き抜かれやすいかということは粒子を構成している金属イオン（図1-12の*Me*）の電気陰性度に依存します[1)]。金属イオンの電気陰性度が大きいほど、酸素原子の電子が金属側に引き付けられ、H^+が引き抜かれやすくなって、等電点は小さくなります。

代表的な金属酸化物の等電点の値を**表1-2**[2)]に示します。表1-2に示したのは測定値の一例です。実際には粒子の製造方法や含まれる不純物などによって変動します。

粒子分散との関係では、ビヒクル中に含まれるイオン性の分散剤やバインダー高分子との静電的な相互作用、複数種類の粒子が共存する際の静電的な粒子間相互作用に影響します。

例えば、Q2-3-11の図2-18下部のように高分子の親水性部がカチオン性で、その数が少ない水性ビヒクル中に、表1-2のTiO_2（ルチル）を分散させることを考えます。懸濁液pHが等電点以下（例えば5）であれば、粒子と高分子は同符合ですから吸着は疎水性相互作用となり、吸着した高分子が水相側へイオン性の親水部を向けますので、安定な粒子分散液が作成できます。一方、懸濁液pHが等電点以上であれば、粒子は負に帯電して図2-18下部のような吸着状態になり、良好な粒子分散液は作成できません。

実用的な粒子懸濁液では、複数種類の粒子が共存する場合が少なくありません。例えば、表1-2の TiO_2（ルチル）と α-Fe_2O_3 が共存する水性懸濁液で、pH値が6.7以下もしくは8.3以上では2つの粒子は同一符合となりますが、6.7～8.3では異符合となって粒子間に静電引力が働いて凝集してしまいます。このような場合には、疎水性相互作用により吸着する分散剤で、それぞれの粒子を別々に分散しておいてから混合する必要があります。

1）K. Tanaka, A. Ozaki：J. Catal., 8, p.1（1967）
2）古澤邦夫：ぶんせき，2004（5），pp.247-254

コラム 2　金属イオンの電気陰性度とは

受験科目の化学でおなじみの電気陰性度は、ポーリングの電気陰性度 x_0 で、原子が化学結合を形成する際の電子を引きつける能力です。周期表の右上に位置する元素ほど、大きな x_0 の値を示します。

金属イオンの電気陰性度 x_i は、ポーリングの電気陰性度 x_0 とイオン価数 Z を用いて、$x_i=(1+2Z)x_0$ の近似式で決定されます[1]。

表1-2の金属酸化物が含有する金属の x_0、上述の式を用いて計算した x_i を、金属酸化物の等電点の低い順に並べると下表のようになり、x_i が大きいほど金属酸化物の等電点は低い値を示します。

表　金属原子および金属イオンの電気陰性度

金属酸化物	WO_3	SiO_2	SnO_2	TiO_2	Fe_2O_3	Al_2O_3	NiO
金属原子	W	Si	Sn	Ti	Fe	Al	Ni
χ_0	1.7	1.8	1.8	1.5	1.8	1.5	1.8
金属イオン	W^{6+}	Si^{4+}	Sn^{4+}	Ti^{4+}	Fe^{3+}	Al^{3+}	Ni^{2+}
χ_i	22.1	16.2	16.2	13.5	12.6	10.5	9.0

第 1.4 節　「溶かす」・「混じる」・「濡らす」を支配する因子

Q 1-4-1

粒子分散液を作る時や使う時に、いろいろな成分を混ぜることが多いですが、どのようなことに注意すればよいですか？

A1-4-1

基本になるのは成分間の親和性です。親和性があるほうが何となく良いように思いがちですが、親和性が強すぎても困る場合があります。判断する時に役に立つのが、各成分の溶解性パラメーターと表面張力です。

粒子分散液を作る際には、溶剤、分散剤、粉体粒子を混ぜ合わせます。また、粒子分散液を使う際には、さらに溶剤やバインダー高分子を混ぜたり、粒子分散液を基材の上に塗工したりします。これらの作業を詳細に見ると、溶剤に高分子を溶かす、溶剤同士や高分子同士を相溶させる、粉体粒子が液体（分散ビヒクル＝高分子溶液）に濡れる、粒子を含んだ塗工液が基材表面を濡らすという現象が含まれます。これらの現象の成否は溶解性パラメーターと表面張力を用いて議論できます。

粒子と溶剤、高分子分散剤を成分とする粒子分散液に、さらに高分子バインダー（以下バインダー）を加えて塗工液を作成する場合の、望ましい成分間の親和性について、**図1-13**を使って考えてみます。

●成分間の親和性の違いによる不具合現象

分散安定化のために、分散剤を粒子表面に強く吸着させる必要があるので、「分散剤」と「粒子」の間の親和性は一番高くします。親和性が低ければ吸着が進行しません。この意味で、図1-13ではこの間の線を太くしています。

「溶剤」と「分散剤」や、「溶剤」と「粒子」の間の親和性は、高すぎても低すぎても不具合が生じます。「分散剤」と「溶剤」の親和性が高すぎると、分散剤の溶剤中への分配率が高くなって、粒子への吸着が阻害されます。分かりやすく言えば、溶剤中のほうが、居心地が良いので分散剤は粒子へ行ってくれません。

逆に、「分散剤」と「溶剤」の親和性が低いと、粒子への吸着（場合によって

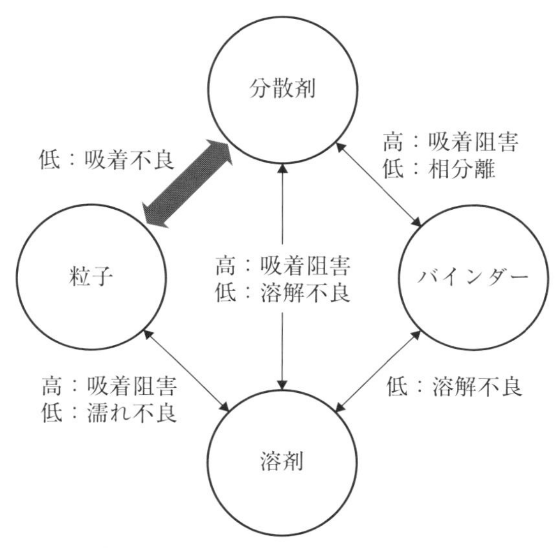

図 1-13　粒子分散液の構成成分間親和性と不具合現象

は析出）量は多くなりますが、鎖（分散剤の溶媒和部）が溶剤中へ広がらないので図2-9のようなメカニズムが働かず、分散安定化にはつながりません。「溶剤」と「粒子」の親和性では、高すぎると粒子表面に溶剤が強く吸着してしまい、分散剤の吸着を邪魔するので、分散安定化が実現されません。一方、低すぎる場合には、粒子分散の単位過程（図2-5）の濡れが阻害されるために、分散全体の進行が阻害されてしまいます。

以上が粒子分散に直接関与する部分ですが、実際にはこれにバインダーが入る場合もあり、バインダーが関与する親和性にも配慮が必要です。「バインダー」と「分散剤」の親和性が低いと、分散剤とバインダーが相分離してしまって均質な粒子分散液や被膜が得られません。また、強すぎると、バインダーが分散後に添加される場合には、分散剤が粒子から引き離されて、バインダーと複合体を形成し、粒子は裸となって凝集してしまいます。分散時に存在する場合には、分散剤との複合体が最初から形成されて、粒子への分散剤の吸着が阻害されますので、安定化につながりません。溶剤とバインダーの親和性に関しては、低いと溶解せず析出してしまいます。図1-13では「バインダー」

表1-3　粒子分散における現象ごとの親和性の考え方

粒子分散液作成で生じる現象	溶ける・混じる・濡れる	吸着する
系の乱雑さ（ΔS）の変化	増加する（$\Delta S>0$）	減少する（$\Delta S<0$）
$\Delta G<0$ の条件	$T\Delta S<0$ なので， $\Delta H>0$（吸熱）でも可	$T\Delta S>0$ なので， $\Delta H<0$（発熱）でないと不可
親和性を考える尺度	溶解性パラメーター 表面張力	酸塩基相互作用（有機溶剤系） 疎水性相互作用（水性系）

と「粒子」の間の線がありませんが、粒子に対して親和性のあるバインダーであれば、それは分散剤として作用すると考えてください。

溶剤と分散剤や粒子との親和性、分散剤とバインダーとの親和性は、「高からず、低からず、程々に」ということになります。

●親和性の「高い」「低い」とは？

それでは、親和性を「強く」とか、「程々に」ということを、実際にはどのように考えればよいのでしょう。物理化学では、ある現象が生じるためには、現象に伴う系のギブス自由エネルギー変化ΔGが負でなければならないとされています。ΔGはエンタルピー変化（エネルギー的な変化）ΔHと、エントロピー変化（乱雑さの変化）ΔSにより構成され、Tを絶対温度として$\Delta G=\Delta H-T\Delta S$となります。

表1-3で、系の乱雑さがどのように変化するかという視点から、分散剤が粒子に「吸着する」、分散剤やバインダーが溶剤に「溶ける」、分散剤とバインダーが「混じる」、粒子が溶剤に「濡れる」という現象を考えてみます。

「吸着する」は溶剤中で自由に動き回っていた分散剤が、粒子の表面に固定化される現象ですので、系全体の乱雑さは減少します。すなわち$\Delta S<0$となるので、$\Delta G<0$とするためには$\Delta H<0$でなければなりません。ΔHがマイナスということは、系から熱が外部に放出されることであり、発熱的な強い相互作用が必要ということになります。このような相互作用は、有機溶剤系では酸塩基相互作用、水性系では疎水性相互作用ですので、このような相互作用が生じる

ような官能基を分散剤や粒子表面に付与する必要があります。

疎水性相互作用、酸塩基相互作用については、それぞれ、第2章2.3節の水性系での粒子分散、第2章2.4節の有機溶剤系での粒子分散で詳細に解説します。

発熱的な強い相互作用を、「溶剤」や「バインダー」と「分散剤」、もしくは「溶剤」と「粒子」の間に働かせてしまうと、図1-13で一番強くなければいけない「粒子」と「分散剤」の相互作用を阻害する可能性があります。むしろ、$\Delta H \geqq 0$の範囲内でできるだけΔHの絶対値を小さくするように考えたほうが、実務上では無難で得策です。

溶解性パラメーター（SP：Solubility Parameter）は、この「$\Delta H \geqq 0$の範囲内で、できるだけΔHを小さくする」ことを考えるのに便利な尺度で、各成分の溶解性パラメーターの値（SP値）を近くするほど、ΔHが小さくなります。俗に「SP値が近い者同士ほどよく混じる」と言われたりします。

固体（粒子）と液体の表面張力が「濡れる」という現象を支配します。また濡れた後には固体と液体の界面には界面張力が生成します。界面張力が大きいほどその界面は不安定なので、界面の面積を少なくするために粒子の凝集が生じたり、界面での剥離が生じたりしやすくなります。

本節ではSPと表面張力について次項以降で説明します。

コラム 3 相溶性と相容性

相「溶」性は相互溶解性の略で、物質同士が分子レベル（高分子同士の場合はモノマーレベル）で均一に混ざり合う能力のことです。英語ではMiscibilityです。一方、相「容」性は高分子同士の混合性に限って使用されます。分子レベルでは溶解はせずに相分離している、つまり非相溶ですが、相分離構造が小さい状態を相「容」性が良いと言います。英語ではCompatibilityです。

実際には両者を厳密に区別することなく使用されているようです。

Q 1-4-2

そもそも溶解性パラメーターとは何ですか？　なぜ粒子分散で大事なのですか？

A1-4-2

溶解性パラメーター（SP）は、常温で液体の低分子化合物に対して定義される、分子間の凝集エネルギーを基にしたパラメーターです。複数の液体を混合した際のエネルギー変化を定量的に予測することができます。粒子分散液を作って使う際のいろいろな場面で、複数の溶剤を混ぜたり、溶剤に分散剤やバインダー樹脂などを溶かしたりします。この時に、混ぜたり溶かしたりする成分間の組み合わせが適切でないと、不溶、分離、析出、粒子凝集、沈降などの不具合が生じます。良好な溶解性や相溶性を得るための指針としてSPが重要で、溶解性パラメーターの値（SP値）が近いものほど、よく混じる」と言われています。

SPは液体に対する熱力学的なパラメーターであり、式①で表されます。

$$\delta = \sqrt{\frac{\Delta E}{V_m}} = \sqrt{\frac{\Delta H - RT}{V_m}} \qquad \text{式①}$$

δはSP値、ΔEは凝集エネルギー、V_mはモル体積、ΔHは蒸発のエンタルピー、Rはガス定数、Tは絶対温度です。

SP値は第一義的に純粋な液体に対して決まります。液体が液体であり続けるためには、**図1-14**に示すように、分子間に引力が働いている必要があります。この引力が働いていないと、個々の分子が勝手に飛び回る気体となってしまいます。この引力を1モル当たりのエネルギーで表したのがΔEで、凝集エネルギーと呼ばれます。ΔEは内部エネルギーと呼ばれることもあります。ΔEは直接測定できないので、蒸発のエンタルピーΔHが測定されます。ΔHには分子間の引力を断ち切る仕事と、気体になった分子の運動エネルギーが含まれているので、気体の運動エネルギーRTをΔHから差し引けばΔEとなります。

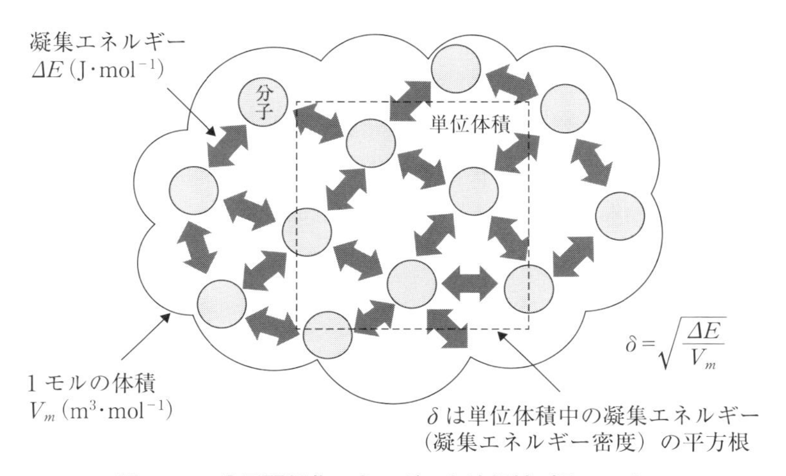

図 1-14 分子間凝集エネルギーと溶解性パラメーター

ΔE、ΔH、RTは1モル当たりのエネルギーですから、これを液体の1モル当たりの体積、すなわちモル体積V_mで割ると、液体の種類にかかわらない単位体積当たりの値となります。$\Delta E/V_m$は単位体積当たりの凝集エネルギーなので、凝集エネルギー密度と呼ばれます。SP値は、この凝集エネルギー密度の平方根です。混合や溶解は、ある分子が他種類の分子と置き換わることなのですが、その時のエネルギー変化を計算しやすいように、平方根にしてあります。

分かりやすく言えば、分子同士が手をつなぎ合っているエネルギーに相当するのが凝集エネルギー密度$\Delta E/V_m$で、手をつなぎ変えた時のエネルギー変化を計算しやすいように、片方の手あたりのエネルギーにしたのがSP値δ。その値は、凝集エネルギー密度の平方根$\sqrt{\frac{\Delta E}{V_m}}$になります。

Q 1-4-3

溶剤同士が組み合わせによって、混ざり合ったり分離したりしますが、これは溶解性パラメーターでどのように説明できますか？

A1-4-3

溶解性パラメーターの値（SP値）が近い者同士ほどよく混じり、SP値がかけ離れていると分離してしまいます。

SP値がそれぞれδ_1、δ_2である2種類の液体が混合した時、異なる種類の分子間に生じる凝集エネルギーは、それぞれの液体の凝集エネルギーの幾何平均$\sqrt{E_1E_2}$で表せると考えます。そうすると、異種分子間凝集エネルギー密度は、それぞれのSP値の積$\delta_1\delta_2$で表せます。これがSPを使用する上での前提条件です。同じもの同士を混ぜた場合の凝集エネルギー密度は当然ながら、元の定義の$\delta_1{}^2=\Delta E_1/V_{m1}$となります。

SP値がδ_1、δ_2である2つの液体（1と2）が混合した時に、1-1の分子対と2-2の分子対の各1組から、1～2の分子対が2組できると考えます。対応する凝集エネルギーの変化（ΔE_{MIX}）は、混合前と後のエネルギーの差ですから、

$$\Delta E_{MIX}=\delta_1{}^2+\delta_2{}^2-2\delta_1\delta_2=(\delta_1-\delta_2)^2 \qquad \text{式①}$$

となります。実際には、混合比率は一定ではありませんし、分子の大きさも異なりますから、混合比を体積分率ϕ_1、ϕ_2（$\phi_1+\phi_2=1$）で表して、式②のようになります。

$$\Delta E_{MIX}=\phi_1\phi_2V_m(\delta_1-\delta_2)^2 \qquad \text{式②}$$

ここで、V_mは2つの液体の平均モル体積で、次の式で表されます。

$$\frac{1}{V_m}=\frac{\phi_1}{V_{m1}}+\frac{\phi_2}{V_{m2}} \qquad \text{式③}$$

式①や式②の右辺は、カッコの二乗になっていますので、必ず正の値を取り、最小でもゼロです。すなわち、SP値を用いて取り扱うことができるのは、混合により系の凝集エネルギーが増加する吸熱混合系のみということにな

ります。

それでは、混合するか、しないかは、どのように決まるのでしょうか。Q1-4-1でも述べたように、混合にしろ、溶解にしろ、ある現象が進行するためにはギブス自由エネルギーΔGが減少する必要があります。混合に伴う変化という意味で、添字MIXを付けて表すと、

$$\Delta G_{MIX} = \Delta H_{MIX} - T\Delta S_{MIX} < 0 \qquad \text{式④}$$

が成立すればよい訳です。

混合という現象では、系の乱雑さは増加してΔS_{MIX}は正の値となります（Q1-4-5参照）。したがって、TΔS_{MIX}の絶対値よりΔH_{MIX}が小さければ、ΔG_{MIX}は負の値となって混合します。

液体同士の混合による体積変化は小さく、外部に対する仕事が無視できるので、$\Delta H_{MIX} \fallingdotseq \Delta E_{MIX}$の近似が成立します。すると混合の条件は、②式と④式から、

$$\phi_1 \phi_2 V_m (\delta_1 - \delta_2)^2 < T\Delta S_{MIX} \qquad \text{式⑤}$$

となります。

式⑤の左辺は、δ_1とδ_2の値が近いほど小さくなり、最小となるのは、$\delta_1 = \delta_2$の時です。すなわち、SP値が近い液体同士ほど混ざりやすく、同じもの同士が最もよく混ざることになります。逆に、δ_1とδ_2の値が離れており、式⑤が成立しないような組み合わせでは分離します。

式⑤は、「混合による乱雑さの増加によりエントロピーで得した分より、混合による凝集エネルギーの増加で損した分が少なければ混じる」と言うことができます。

混合比については、$\phi_1 + \phi_2 = 1$ですから、

$$\phi_1 \phi_2 = \phi_1 (1 - \phi_1) = \frac{1}{4} - (\phi_1 - \frac{1}{2})^2, \ (0 \leqq \phi_1 \leqq 1) \qquad \text{式⑥}$$

となり、$\phi_1 = \phi_2 = \frac{1}{2}$の時に最大になります。2成分系で一方の成分が微量で他方が大多数の時には混じっていたのに、等量混合に近くなると分離してしまうのは、式⑤でSP値の差は同じであっても$\phi_1 \phi_2$の値が大きくなるからです。

Q 1-4-4

溶解性パラメーターの成分分けとは、どういうことですか？

A1-4-4

溶解性パラメーター（SP）はQ1-4-2で説明したように、液体の分子間力に基づくパラメーターです。実在の液体について考えてみると、ヘキサンのような炭化水素分子の分子間力はロンドン分散力だけですが、エチルアルコール分子では分散力に加えて、分子の分極によって双極子-双極子間力が働き、さらに水酸基同士の水素結合力も働いています。このことから、SPをそれぞれの分子間力に基づく項に分割して取り扱おうとするのが、SPの成分分けです。

いろいろな考え方が提案されましたが、現在、広く支持されているのはハンセン（Hansen）パラメーター（HSP）です。ハンセンは凝集エネルギーを、ロンドン分散力（添字d）、双極子-双極子間力（添字p）、水素結合力（添字h）に基づく成分に分割し、それぞれをΔE_d、ΔE_p、ΔE_hとすると、トータルの凝集エネルギーがそれらの総和で表せ、次の式が成立するとしました（**図1-15**）。

$$\Delta E = \Delta E_d + \Delta E_p + \Delta E_h \qquad 式①$$

また、ΔE_d、ΔE_p、ΔE_hのそれぞれに、Q1-4-2の式①の関係が成立するとして、式②～式⑤を示しています。

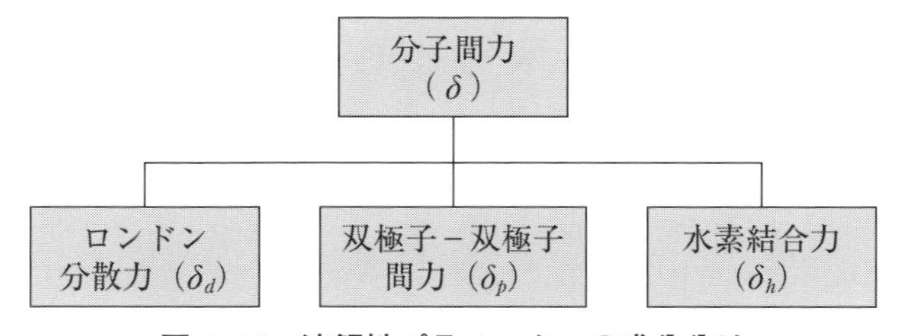

図 1-15　溶解性パラメーターの成分分け

$$\delta_d = \sqrt{\frac{\Delta E_d}{V_m}} \qquad 式②$$

$$\delta_p = \sqrt{\frac{\Delta E_p}{V_m}} \qquad 式③$$

$$\delta_h = \sqrt{\frac{\Delta E_h}{V_m}} \qquad 式④$$

$$\delta^2 = {\delta_d}^2 + {\delta_p}^2 + {\delta_h}^2 \qquad 式⑤$$

各種溶剤のδ_d、δ_p、δ_hの値は、原著論文[1,2]もしくは他の書籍[3]を参照ください。

このHSPを用いた場合、Q1-4-3の式⑤に対応する、混合が生じるための条件式は、

$$\phi_1\phi_2 V_m \{4(\delta_{d1} - \delta_{d2})^2 + (\delta_{p1} - \delta_{p2})^2 + (\delta_{h1} - \delta_{h2})^2\} < T\Delta S_{MIX} \qquad 式⑥$$

となります。すなわち、d、p、hの各成分が、それぞれ近い液体同士がよく混じるということになります。分散力項の前に数字の4が入っていますが、ハンセンの原著論文[1]どおりです。

ちなみに、3次元の直行座標系でx、y、z軸をそれぞれ$2\delta_d$、δ_p、δ_hとすると、任意の液体は座標上の１点で表すことができますし、一方の成分（$2\delta_{d1}$、δ_{p1}、δ_{h1}）を固定して考えると、式⑥を満足する溶剤の存在する範囲は座標上の球となります。

分子間力をこのような成分に分割することに対する批判や、高極性溶媒に対する不具合を解消するための修正パラメーターの提案などが、これまでに繰り返されてきていますが、簡便で多くの場合に妥当な結果を示すことから、HSPが現在でも依然として支持されているようです。

1） C.M. Hansen：J. Paint Tech., 39［505］, 104（1967）
2） C.M Hansen：Ind. Eng. Chem. Prod. Res. Dev., 8（1）, 2（1969）
3） 小林敏勝，福井寛：「きちんと知りたい粒子表面と分散技術」，p.232，日刊工業新聞社（2014）

Q 1-4-5

高分子の溶解性や高分子同士の相溶性も、溶解性パラメーターで考えることはできますか？

A1-4-5

溶解性パラメーター (SP) の異なる種々の溶剤を準備して、それぞれに対する溶解性の有無を調べることにより、高分子のSP値を決定できます。また、「SP値の近いものほど、よく混じる」という結論も同じですが、高分子になるほど、混じるために許容されるSP値の差は小さくなります。

ある溶剤に対する高分子の溶解性は、1の成分を高分子、2の成分を溶剤として、Q1-4-3の式⑤やQ1-4-4の式⑥を満足するか否かで、溶剤同士の混合と同様に決まるのですが、ここで重要なことは、高分子は溶剤分子の大きさとほぼ同等のセグメント（モノマー）と呼ばれる構成単位が、いくつもつながっているということです。

図1-16に溶剤同士の混合と、高分子の溶剤への溶解を、模式的に、一番簡略化した要素数で示します。図1-16の上部は溶剤同士の混合で、溶剤Aは1と2という要素（分子）で構成され、溶剤Bは3と4という要素（分子）で構成されています。混合前の状態の取り得る場合の数は4通りですが、混合すると24通りに増加します。図1-16の下部は溶剤への高分子の溶解に相当し、高分子の要素（セグメント）はつながっていて切り離せません。この条件では、混合後の場合の数は12通りで、溶剤同士の混合より少なくなっています。

実際には膨大な数の分子が関与し、つながっているセグメント数も多いので、高分子の溶解に伴う場合の数の変化は、溶剤同士の混合に比べて、かなり小さいことがイメージしていただけると思います。

統計力学によれば、ある状態に許される分子やエネルギーの配置の場合の数ΩとエントロピーSとは、

$$S = k ln \Omega \qquad \text{式①}$$

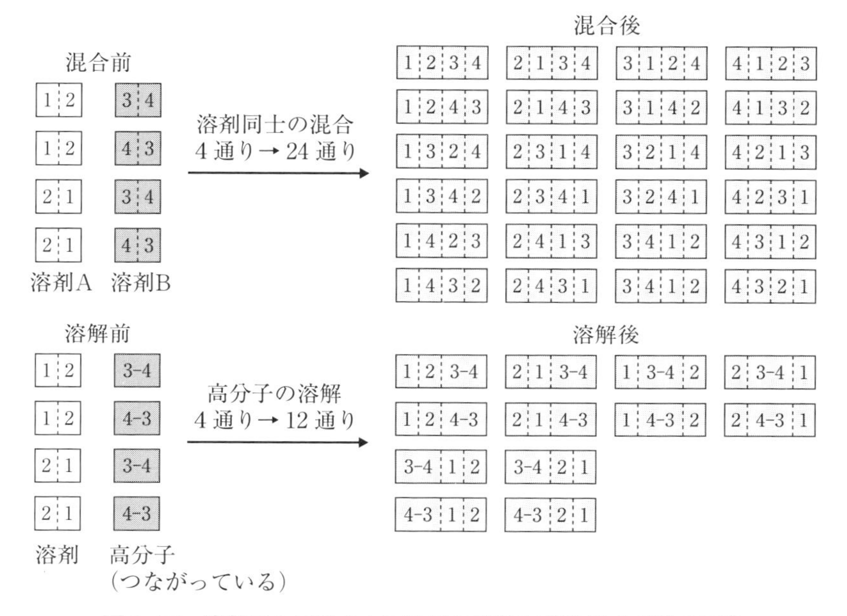

図 1-16　溶剤同士の混合と高分子の溶解に伴う場合の数の変化

の関係にありますから（kは定数）、高分子の溶解に伴うΔS_{MIX}は溶剤同士の混合に伴うΔS_{MIX}より小さくなります。したがって、溶剤とのSP値の許容される差も小さくなり、溶解する溶剤の範囲が狭くなります（Q1-4-3の式⑤、Q1-4-4の式⑥）。分子量が大きくなるほどこの傾向は顕著になります。

高分子同士の相溶性の場合には、両方がつながっている訳ですから、混合に伴うΔS_{MIX}はさらに小さくなるので、許容されるSP値の差は極めて小さなものとなります。

Q 1-4-6

高分子の溶解性パラメーターは、どうすれば求められますか？

A1-4-6

「濁度滴定法」という方法で測定します[1)]。

まず、溶解性パラメーターの値（SP値）を知りたい高分子の良溶剤（溶かす溶剤）を1種類、貧溶剤（溶かさない溶剤）を2種類準備します。それぞれの溶剤はSP値の分かっているものを選択します。また貧溶剤の1つは良溶剤よりSP値の大きなもの、もう1つは良溶剤よりSP値の小さなものを選択し、それぞれは良溶剤と任意の比率で混合する必要があります。汎用的な選択例としては、良溶剤：アセトン、SP値の大きな貧溶剤：水、SP値の小さな貧溶剤：ヘキサンという組み合わせが知られています。

図1-17に示すように、良溶剤を三角フラスコなどに一定量（10～20ml）測り取り、高分子を少量（0.5g程度）溶解させます。高SP値の貧溶剤を徐々に加えていき、高分子が析出して液が濁るまでに要した貧溶剤の量を記録します。量は全て容量で取り扱うことに注意してください。別のビーカーに同様に良溶剤を入れて高分子を溶解させ、今度は低SP値の貧溶剤を液が濁るまで加えて、その量を記録します。このような方法を濁度滴定と呼びます。

良溶剤のSP値をδ_g、高SP値の貧溶剤のSP値をδ_{ph}、低SP値の貧溶剤のSP値をδ_{pl}とし、高SP値側および低SP値側の貧溶剤で滴定した時の、濁点における貧溶剤の体積分率（全体を1とする）をそれぞれϕ_{ph}、ϕ_{pl}とすると、濁った点における混合溶剤のSP値δ_{mh}、δ_{ml}は、それぞれ貧溶剤と良溶剤のSP値の体積平均で表すことができ、次の式①、式②が成立します。

$$\delta_{mh} = \phi_{ph}\delta_{ph} + (1 - \phi_{ph})\,\delta_g \qquad \text{式①}$$

$$\delta_{ml} = \phi_{pl}\delta_{pl} + (1 - \phi_{pl})\,\delta_g \qquad \text{式②}$$

高分子のSP値δ_{poly}は良い近似でδ_{mh}とδ_{mh}の中間値となります。すなわち、

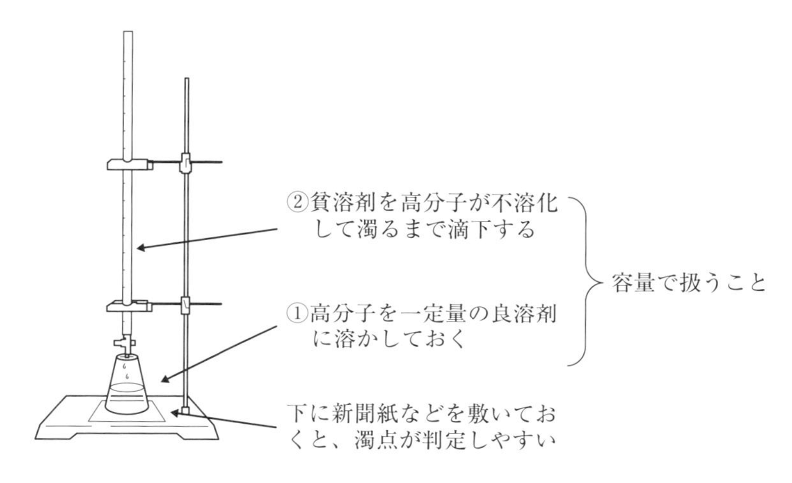

図 1-17 濁度滴定による高分子の SP 値の測定

$$\delta_{poly} = \frac{\delta_{mh} + \delta_{ml}}{2} \qquad \text{式③}$$

で表されます。

滴定に用いる各溶剤のモル体積は異なるので、厳密には次の補正が必要となります。

良溶剤のモル体積を V_g、高SP値の貧溶剤のモル体積を V_{ph}、低SP値の貧溶剤のモル体積を V_{pl} とし、高SP値側と低SP値側の濁点における、平均モル体積 $\overline{V}_{mh}$ と $\overline{V}_{ml}$ を、式⑤を用いて計算します。

$$\overline{V}_{mh} = \frac{V_g V_{ph}}{\phi_g V_{ph} + \phi_{ph} V_g},\quad \overline{V}_{ml} = \frac{V_g V_{pl}}{\phi_g V_{pl} + \phi_{pl} V_g} \qquad \text{式⑤}$$

δ_{poly} は式⑥の通りですが、多くの場合、式③による近似値で十分です。

$$\delta_{poly} = \frac{\delta_{mh}\sqrt{\overline{V}_{mh}} + \delta_{ml}\sqrt{\overline{V}_{ml}}}{\sqrt{\overline{V}_{mh}} + \sqrt{\overline{V}_{ml}}} \qquad \text{式⑥}$$

1) K.W. Suh, D.H. Clarke：J. Polym. Sci., Part A-1, 5, p.1671 (1967)

Q 1-4-7

高分子の成分分けした溶解性パラメーター（ハンセンパラメーター）を求めるのには、どうすればよいですか？

A1-4-7

多くの溶剤に対してハンセンパラメーター（HSP）値が報告されていることや、HSPの３つの項を軸とする３次元座標上で個々の溶剤は１つの点として表せることはQ1-4-4で説明しました。
高分子のHSP値はこれらの溶剤に対する溶解性の有無で測定します。上記の３次元座標上で高分子が溶解する溶剤群の存在領域は、理論的には溶解度球と呼ばれる球状となります。溶解度球の中心点の座標が高分子のHSP値です。

高分子の特定の溶剤への溶解性は、Q1-4-4式⑥で1の成分を一定量の高分子、2の成分を一定量の溶剤として、式の条件を満足するか否かで決まります。Q1-4-4⑥式を変形すると、

$$(2\delta_{d1}-2\delta_{d2})^2+(\delta_{p1}-\delta_{p2})^2+(\delta_{h1}-\delta_{h2})^2<\frac{T\Delta S_{MIX}}{\phi_1\phi_2 V_m} \qquad 式①$$

式①右辺は一定量同士の混合の場合、ほぼ定数と考えることができます。溶解性パラメーターの各成分$2\delta_d$、δ_p、δ_hを3次元の直行座標に取ると、各溶剤は空間座標上の一点で表せますが、式を満足して高分子を溶解する溶剤のSP値$(2\delta_{d2}, \delta_{p2}, \delta_{h2})$は、高分子のSP値$(2\delta_{d1}, \delta_{p1}, \delta_{h1})$を中心として、半径が$\sqrt{T\Delta S_{MIX}/\phi_1\phi_2 V_m}$の球の内側に存在することになります（**図1-18**）。HSPを使用する場合には、d項のみ2倍とすることに注意してください。図1-18に示した溶解領域を示す球は、溶解度球と呼ばれます。

種々の溶剤を準備し、HSPを知りたい高分子が溶けるか溶けないかを調べます。溶けた溶剤の座標位置を含み、溶けなかった溶剤の座標位置を含まないように、3次元座標を用いて溶解度球を決定すれば、その中心座標が高分子の

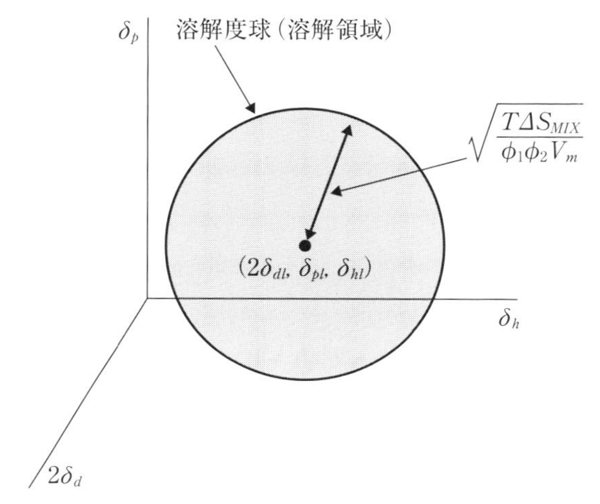

図 1-18 ハンセンパラメーターを用いた空間座標での高分子の溶解領域表示

HSP値$(2\delta_{d1}, \delta_{p1}, \delta_{h1})$となります。種々の溶剤に対する溶解性をインプットすると、最もフィットする球を決定し、その中心座標を示してくれるプログラムも流通しているようです。

同種の高分子でも、分子量が大きいほど溶解した時のエントロピー変化（ΔS_{MIX}）は小さいので、溶解度球の半径は小さくなります。2つの高分子同士の相溶性については、それぞれの溶解度球の中心が近く、溶解度球の半径が大きいもの同士ほど相溶性は良好ということになります。

コラム 4 SP値を近くするだけが溶かす方法ではない

凝集エネルギーが減少（$\Delta H_{mix} \fallingdotseq \Delta E_{mix} < 0$）しても$\Delta G_{mix} < 0$となるので、溶かすことができます。凝集エネルギーが減少するのですから混合後は、発熱します。具体的には酸と塩基の組み合わせが相当し、一例としては、ポリフッ化ビニリデン（ルイス酸性）は、SP値が全く異なるNメチルピロリドン（塩基性）には発熱的に溶解します。

Q 1-4-8

表面張力とは何ですか？　表面自由エネルギーと呼ぶこともあるようですが、溶解性パラメーターとは関係があるのですか？

A1-4-8

溶解性パラメーター（SP）も表面張力も、分子間力（凝集エネルギー）に基づく物性値で、SP値の大きな溶剤ほど大きな表面張力を示す傾向にあります。表面の張力と書くように、固体も含めて表面を縮めるように作用する力ですが、下記に示すように表面自由エネルギーと同義になります。

図1-19に示すように、液体のバルク中では1つの分子の周りに他の分子が存在して相互作用しています。この相互作用のエネルギー（凝集エネルギー）に基づくのがSPでした（Q1-4-2）。一方、最表面の分子は、内側に向けては相互作用できる分子が存在しますが、外側に向けては相互作用できる分子が存在しません。相互作用できる相手のいない、不安定なエネルギーが表面に存在することになります。このエネルギーは「表面自由エネルギー」と呼ばれます。このような不安定なエネルギーが多く存在すると、系はエネルギー的に不利に

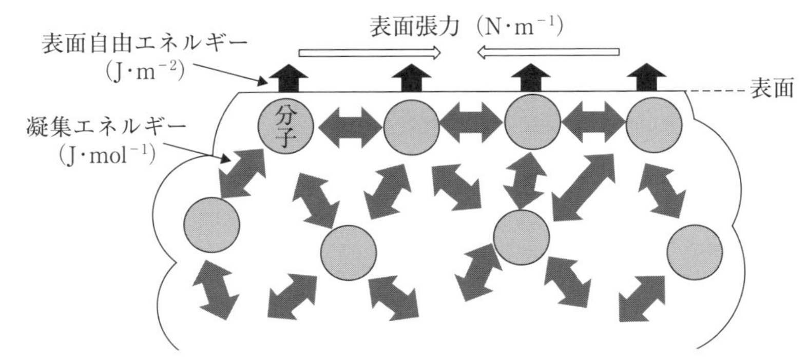

図 1-19　凝集エネルギーと表面張力、表面自由エネルギーの関係

なるので、できるだけ、その量を減らそうと変化します。

一番、手っ取り早いのは表面積を減らすことですが、液体の場合には、体積を一定とした時に表面積が最小になるのは球なので、液滴は丸くなろうとします。無重力空間で水滴が球状になるのはこのためです。表面を引張って縮めるように力が働くので、これを表面張力と呼びます。固体の場合は硬くて形状を変えることができませんが、表面自由エネルギーが存在しており、表面張力が働いていることに変わりはありません。

力の単位はN（ニュートン）で、エネルギーの単位はJ（ジュール）ですから次元が異なるように感じますが、「表面」が付くと単位が変わります。表面張力は単位長さ当たりの力ですから単位は$N \cdot m^{-1}$、表面自由エネルギーは単位表面積当たりのエネルギーですから単位は$J \cdot m^{-2}$となります。表面張力の単位である$N \cdot m^{-1}$の分母と分子にそれぞれ長さmをかけると$Nm \cdot m^{-2}$、分子のNmは力（N）×距離（m）で仕事（単位はJ）ですから、$J \cdot m^{-2}$となって、表面自由エネルギーの単位となります。つまり、表面張力の単位と表面自由エネルギーの単位は、同じ次元の単位ということになります。

コラム 5 悪魔が作った界面

著名な物理学者のパウリ（Wolfgang Ernst Pauli, 1900 – 1958）は「固体は神が造りたもうたが、表面は悪魔が作った」と言っています。

表面に存在する分子が外側に向けて相互作用できる相手がいないことが表面自由エネルギーの原因なので、これを小さくするのであれば、表面の分子が何かと相互作用することも一手です。結果的に表面に何かがくっつくので、これを「吸着」と言います。

このように、物質表面の性質は内部と異なり、表面張力が働いたり異物が吸着したりと何が生じるかわからないので、「悪魔が作った」と言うのです。

Q 1-4-9

表面張力は濡れにどう関係するのですか？

A1-4-9

濡れの良否は液体（濡らすもの）と固体（濡らされるもの）の表面張力の相対的な大きさで決まり、固体の表面張力が大きいほど、また、液体の表面張力が小さいほど、濡れはよくなります。

固体の表面張力をγ_S、液体の表面張力をγ_Lとして、固体表面に液滴を載せた状態を**図 1-20** に示します。液滴の固体表面上での端部は接触角θで静止しています。濡れが良いということはθが小さいということです。静止しているということは、液滴端部に働いている水平方向の力が釣り合っているということなので、次のヤング（Young）の式が成立します。γ_{SL}は固体と液体の界面張力です。

$$\gamma_S = \gamma_L \cos\theta + \gamma_{SL} \qquad \text{式①}$$

今はθと表面張力の関係が知りたいので、次のように変形しておきます。

$$\cos\theta = \frac{\gamma_S - \gamma_{SL}}{\gamma_L} \qquad \text{式②}$$

界面張力γ_{SL}については、元々、固体表面と液体表面にそれぞれγ_Sとγ_Lの力があって、2つの表面同士がくっつく時に、一定の相互作用W_{SL}をして力を使

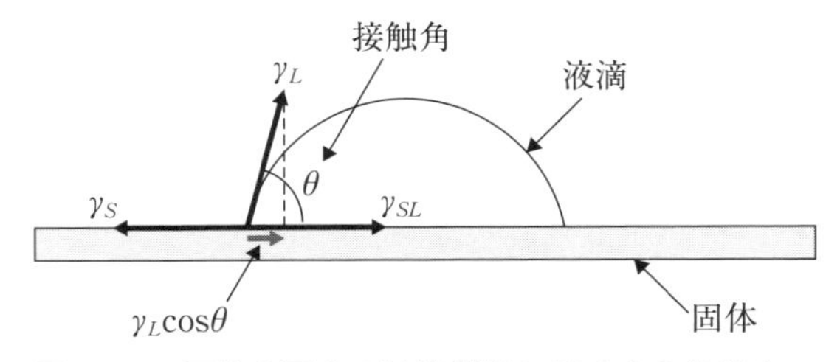

図 1-20　固体表面上の液滴端部に働く力の釣り合い

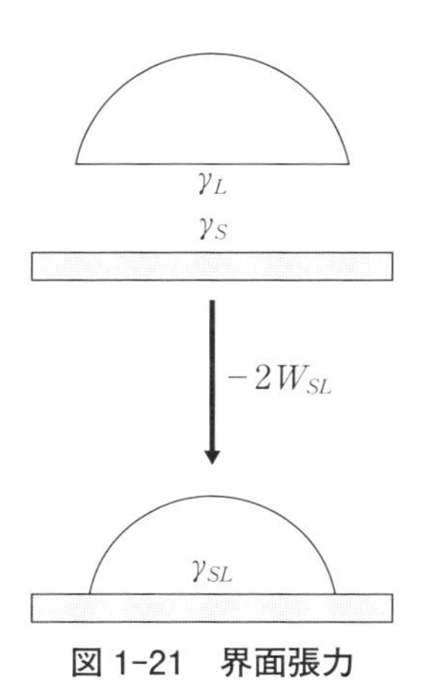

図 1-21　界面張力

います。その時、使いきれずに残った力が界面張力γ_{SL}であると考えます（**図 1-21**）。式で表すと次のようになります。この式は、デュプレ（Dupre）式と呼びます。

$$\gamma_{SL} = \gamma_S + \gamma_L - 2W_{SL} \qquad \text{式③}$$

W_{SL}の前に2が付くのは、固体側、液体側でそれぞれW_{SL}消費されるという意味です。このW_{SL}を付着仕事と言います。

W_{SL}については様々な近似が提案されていますが、ここでは一番シンプルな幾何平均を採用するフォークス（Fowkes）近似（式④）で話を進めます。

$$W_{SL} = \sqrt{\gamma_S \gamma_L} \qquad \text{式④}$$

式②～④から、

$$\cos\theta = 2\sqrt{\frac{\gamma_S}{\gamma_L}} - 1 \qquad \text{式⑤}$$

θが小さいほど、濡れが良いのですから、$\cos\theta$は大きいほど、濡れが良いということになります。

式⑤の右辺は、固体の表面張力γ_Sが大きいほど、液体の表面張力γ_Lが小さいほど大きくなります。すなわち、濡れの良否は液体（濡らすもの）と固体（濡らされるもの）の表面張力の相対的な大きさで決定されることになります。

Q1-4-10

拡張濡れとは、どのような濡れですか？ どんな場合に生じますか？

A1-4-10

接触角θがゼロとなって、液体がどんどんと濡れ広がる現象を拡張濡れといいます。濡らされるもの（下側）の表面張力が、濡らすもの（上側）の表面張力より大きい時に生じます。

図1-22に、固体表面上で拡張濡れの状態にある液体の端部に作用している固体の表面張力γ_S、液体の表面張力γ_L、固体と液体の界面張力γ_{SL}を示します。拡張濡れになっているので、端部は静止しているのではなく図左側に移動していますので、3つの力の関係は次式で表されます。

$$\gamma_S > \gamma_{SL} + \gamma_L \qquad \text{式①}$$

液体は薄い液膜になっていますので、液体の表面張力は固体の表面張力と正反対の方向に作用しています（$\cos\theta = 1$）。式①にQ1-4-9の式③と④を代入してγ_{SL}を消去し、整理すると、式②が得られます。

$$\sqrt{\gamma_L}\left(\sqrt{\gamma_S} - \sqrt{\gamma_L}\right) > 0 \qquad \text{式②}$$

すなわち

$$\gamma_S > \gamma_L \qquad \text{式③}$$

となって、固体の表面張力γ_Sが液体の表面張力γ_Lより大きいと、拡張濡れとなります。

拡張濡れは粒子分散にとっても塗布工程にとっても理想的な濡れの状態です。

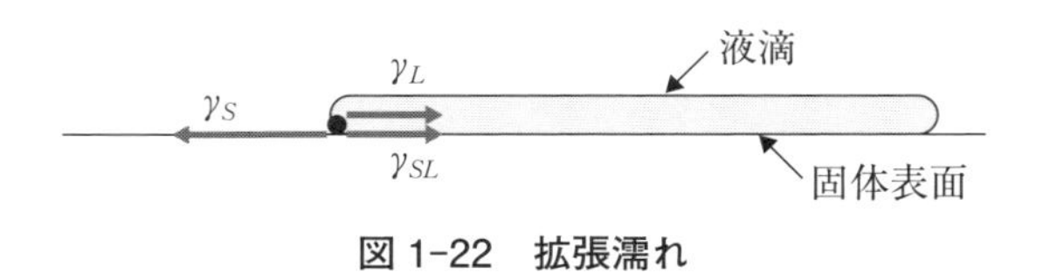

図1-22　拡張濡れ

Q 1-4-11

濡れを良くするには、濡らすものと濡らされるものの親和性を高くすればよいのですか？

A1-4-11

接触角がゼロとなる良い濡れの状態である拡張濡れは、濡らされるもの（下側）の表面張力が、濡らすもの（上側）の表面張力より大きい時に生じるので、親和性とは関係ありません（Q1-4-10参照）。

Q1-4-9式⑤で、右辺の $\cos\theta$ は固体の表面張力 γ_S が大きいほど、液体の表面張力 γ_L が小さいほど大きくなります。すなわち、濡れの良否は液体（濡らすもの）と固体（濡らされるもの）の表面張力の相対的な大きさで決定され、親和性は関係ないということになります。

質問のように、「濡れが良いこと＝親和性が高い」と考えられがちですが、親和性が高いということは両者の界面の界面張力 γ_{SL} が小さいことです。そして、γ_{SL} が小さくなればQ1-4-9式②で $\cos\theta$ が大きくなって濡れは良くなりますが、濡れが良いからといって親和性が高い訳ではありません。

例えば、水（表面張力は大）と油（表面張力は小）は昔から仲の悪いものの例えとされるくらい親和性が低いのですが、水面に流出した油は水面を濡れ広がり、良好な濡れを示します。一方、フライパンに張った油や、油がこぼれた路面に水が乗ると、丸まった水滴になって、ほとんど濡れ広がりません。どちらの界面も水と油の不安定な（界面張力の大きい）界面であることには変わりはありませんが、濡らされる物（下側）の表面張力と、濡らす物（上側）の表面張力の大きさが逆転しているだけです。

繰り返しになりますが、親和性を高くすれば濡れは良くなります。ただし、濡れが良いのは親和性が高い時だけではない、というのが答えです。

Q 1-4-12

粒子の表面張力を知りたいのですが、どのような方法がありますか？

A1-4-12

表面張力が既知の液体との接触角を測定し、計算により表面張力を求めます。

粉体材料に対する液体の接触角を測定するのに一番単純な方法は、錠剤成形機などを用いて粉体をペレット状に成型し、通常の平板状固体に対する接触角の測定と同じように、液滴を載せて接触角を測定する方法です。

ペレット状に成型する方法では、粒子と粒子の隙間から液体がペレット内部に吸い込まれてしまったり、表面が粗くなって正確に接触角が測定できなかったりする時があります。このような場合には、**図1-23**に示す毛管浸透法を用います。両端が開いたガラス管などの一方を濾紙などで塞ぎ、一定重量の粉体粒子を一定の高さになるようにタッピングしながら充填したものをいくつか作成します。濾紙で塞いだ端を、表面張力が既知の液体に浸漬し、時間t経過後の重量増wを測定すると、wは次の式①で表されます。

$$w^2 = k\frac{\rho^2 \gamma_L \cos\theta}{\eta}t \qquad \text{式①}$$

式①はウオッシュバーン（Washburn）の式と呼ばれ、kは粒子間の隙間の形状に関する係数です。粉体、管のサイズが同一で、粉体を一定量、同じ高さに充填した管に対して、kは一定と考えます。ρは液体の比重、γ_Lは液体の表面張力、θは接触角、ηは液体の粘度です。ヘプタンのように表面張力が低くて、拡張濡れ（$\theta=0$）になる液体を浸透させ、まずkを決定します。次に、付着濡れになる液体を浸透させてθを測定します。

Hwangらはこの方法を用いて、二酸化チタン表面をシランカップリング剤で処理した際の、処理量と表面状態の変化を追跡しており、処理の進行に伴う

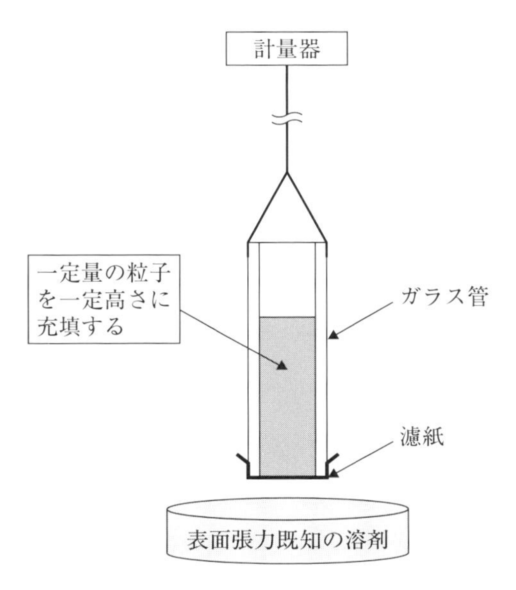

図 1-23 毛管浸透法による粉体粒子表面に対する接触角の測定

表面張力の低下で、水、ホルムアミド、エチレングリコール、α-ブロモナフタレンなどの溶剤に対する接触角が増加することを示しています[1)]。

接触角 θ が決まれば、後は計算で表面張力を求めます。

Q1-4-9の⑤式から、

$$\gamma_S = \frac{\gamma_L(1+\cos\theta)^2}{4} \quad \text{式②}$$

すなわち、任意の付着濡れとなる液体を選択し、その接触角を計測すれば、固体の表面張力が求められます。

この考え方に基づいて、浸透速度から粉体の表面張力を計測する装置も市販されています。

1) J.S. Hwang, J. Lee, Y.H. Chang, Macromolecular Research, 13, p. 409 (2005)

Q 1-4-13

表面張力も溶解性パラメーターと同じように分子間力に基づいた成分に分割できますか？

A1-4-13

表面張力も溶解性パラメーター（SP）と同様に分子間力に由来するので、SPと同様に、分子間力を構成する成分に分割して取り扱おうとする考え方があります。
ただし、SPではロンドン分散力項、双極子－双極子間力項、水素結合力項の３成分に分割するハンセンパラメーター（HSP）が著名ですが、表面張力では分割する成分について、いくつかの考え方があります。

ポイントとなるのは、どのような項に分割するかということと、相1と相2の界面における相互作用である付着仕事W_{12}をどのように近似するか（測れればよいのですが測れません）ということです。相互作用はそれぞれの項同士だけで生じると考えるのは、SPも表面張力も同じです。

HSPと同様に、表面張力γをロンドン分散力項γ^dと双極子−双極子間力項γ^p、水素結合力項γ^hに分割し、

$$\gamma = \gamma^d + \gamma^p + \gamma^h \qquad \text{式①}$$

$$W_{12} = \sqrt{\gamma_1^d \gamma_2^d} + \sqrt{\gamma_1^p \gamma_2^p} + \sqrt{\gamma_1^h \gamma_2^h} \qquad \text{式②}$$

とする北崎、畑の説[1)]も知られていますが、表面張力に関しては、もう少しシンプルに、ロンドン分散力を非極性力とし、それ以外を極性力として取り扱うことが多いようです。

Wuは、γを非極性項γ^dと極性項γ^pに分割し、付着仕事の近似には幾何平均より調和平均が良いとして、次の式③、式④を提案しています[2)]。

$$\gamma = \gamma^d + \gamma^p \qquad \text{式③}$$

$$W_{12} = \frac{2\gamma_1^d \gamma_2^d}{\gamma_1^d + \gamma_2^d} + \frac{2\gamma_1^p \gamma_2^p}{\gamma_1^p + \gamma_2^p} \qquad \text{式④}$$

表 1-4 表面張力測定用液体その表面張力および各成分項

液体名	γ	Owens&Wendt[3]		Wu[2]	
		γ^d	γ^h	γ^d	γ^p
水	72.8	21.8	51	22.1	50.7
ヨウ化メチレン	50.8	48.5	2.3	44.1	6.7

単位：$mN \cdot m^{-1}$（$= mJ \cdot m^{-2}$）

また、OwensとWendtはγを分散力成分γ^dと極性の水素結合性成分γ^hに分割し、成分ごとに付着仕事が幾何平均で表せるとしています[3]。

$$\gamma = \gamma^d + \gamma^h \qquad \text{式⑤}$$

$$W_{12} = \sqrt{\gamma_1^d \gamma_2^d} + \sqrt{\gamma_1^h \gamma_2^h} \qquad \text{式⑥}$$

項の名前は微妙に異なりますが、表面張力をロンドン分散力に基づく項（非極性項）とそれ以外の項（極性項）に分割するところは、Wuの方法もOwensとWendtも共通しています。

実際に固体の表面張力を非極性項と極性項に分割して求めるには、それぞれの項が既知の液体を2種類準備し、接触角を計測して、連立方程式を解く必要があります。具体的には、Q1-4-9の式①と式③からγ_{SL}を消去すると、

$$W_{SL} = \frac{\gamma_L (1 + \cos\theta)}{2} \qquad \text{式⑦}$$

となります。γ^dとγ^p（もしくはγ^h）が既知の2種の液体に対して接触角を計測し、1を固体、2を液体として、式④もしくは式⑥をW_{SL}に適用すると、1つの液体に対して式が1つ、合計2つの式が得られますので、後は連立方程式として解くだけです。

表1-4に、水とヨウ化メチレンのγ、$\gamma^d{}_L$、$\gamma^h{}_L$（$\gamma^p{}_L$）のOwensとWendt、およびWuによる値を示しておきます。この2つの液体は接触角測定用溶剤としてよく用いられています。**表1-5**には水とヨウ化メチレンの接触角から算出された各種有機顔料の表面張力の測定例を示します。銅フタロシアニンや塩素化銅フタロシアニンは表面張力が低いだけでなく、全表面張力に占める極性項の割合である極性度も小さく、極性溶剤である水に対する濡れが不良であることが理解できます。

表 1-5　粒子表面張力の成分項ごとの測定例[2)]

顔料種	表面張力（mN·m^{-1}）			極性度
	γ^{d}	γ^{p}	γ	γ^{p}/γ
インダスロンブルー	33.2	30.0	63.2	0.48
チオインジゴレッド	35.1	16.3	51.4	0.32
イソインドリノン	32.2	15.0	47.2	0.32
γ-キナクリドン	35.7	13.4	49.1	0.27
トルイジンレッド	39.7	13.3	53.0	0.25
塩素化フタロシアニン	35.8	6.2	42.0	0.15
銅フタロシアニン	40.0	6.9	46.9	0.15

van Ossは表面張力を長距離間力γ^{LW}と短距離間力に分割し、短距離間力は酸塩基相互作用力γ^{AB}としています[5,6)]。また、酸塩基相互作用力は酸性項γ^{A}と塩基性項γ^{B}を用いて式⑧で表されます。

$$\gamma = \gamma^{LW} + \gamma^{AB} = \gamma^{LW} + \sqrt{\gamma^{A}\gamma^{B}},\quad \gamma^{AB} = \sqrt{\gamma^{A}\gamma^{B}} \qquad \text{式⑧}$$

付着仕事W_{SL}は、γ^{LW}を従来と同様に幾何平均とし、酸塩基相互作用については、一方の相の酸性項は他の相の塩基性項と相互作用すると考え、式⑨で表されます。

$$W_{SL} = \sqrt{\gamma_S^{LW}\gamma_L^{LW}} + \sqrt{\gamma_S^{A}\gamma_L^{B}} + \sqrt{\gamma_S^{B}\gamma_L^{A}} \qquad \text{式⑨}$$

一見、他の成分分割の式と形は似ていますが、他の式では界面張力が正の値しかとれないのに対し、酸性物質と塩基性物質の界面では界面張力が負の値となり、強い結合が生じる状態を示すことができます。

1)　北崎寧昭，畑敏雄：日本接着学会誌，8（3），p.131（1972）
2)　S.Wu：J. Polym Sci., C34, p.19（1971）
3)　D.K.Owens, R.C.Wendt：J. Appl. Polym. Sci., 13, p.1741（1969）
4)　S.Wu, K.J.Brozozowski：J. Colloid Interface Sci., 37, p.686（1971）
5)　C.J.van Oss, R.J.Good, M.K.Chaudhury: *J. Chromatogr.*, 391, p.53 (1987)
6)　小林敏勝、J. Jpn. Soc. Colour Mater.（色材），90，p.324(2017)

第 2 章

粒子分散液を作る

第 2.1 節　粒子分散液の作り方

Q 2-1-1

粉体から粒子分散液を作成するにはどうすればよいですか？

A2-1-1

基本的には**図 2-1** に示したように、「前混合」、「分散」、「希釈・溶解」という流れになります。

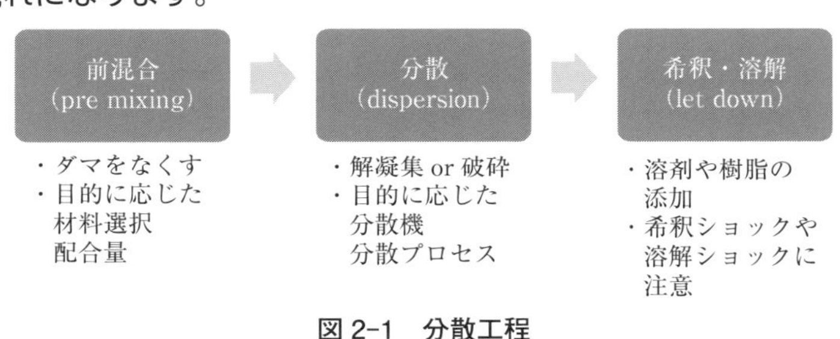

図 2-1　分散工程

「前混合過程」はプレミックス（pre mixing）過程とも呼ばれます。タンクなどの容器に溶剤を秤量し、分散剤やマトリクス樹脂（バインダー樹脂）など溶剤に溶解する配合成分を加えて十分に溶解させた後に、粉体を徐々に投入して、撹拌機などにより全体が均一になるようにします。粉体を投入する前の、溶剤に溶解性成分が溶けた液体をビヒクル（vehicle）と呼び、粉体が投入され十分に混合された状態のものをミルベース（mill base）と呼びます。

前混合過程では、いわゆるダマが残らないように注意する必要があります。この段階でも、分散はある程度進みますが不十分です。低粘度ミルベースの前混合では一般的な高速せん断撹拌機やホモジナイザーが、中～高粘度のミルベースではバタフライミキサーやプラネタリーミキサーなどが用いられます。

「分散過程」では、分散機を用いた粒子凝集体の解凝集（解砕；disruption）や、粉砕（crushing）を行い、目的とした粒子径まで微粒化します。どのような分散機を使うか、バッチ分散かパス分散か、それとも循環分散か、というプロセスの選択を行うことが重要です。前混合で使用される装置や分散機、分散プロセスの詳細については、第2章2.6節を参照ください。

「希釈・溶解過程」では、分散過程で得られた粒子分散液（これもミルベースと呼ばれる時があります）を、溶剤で希釈して粘度や乾燥速度を調整したり、バインダー樹脂や硬化剤、様々な添加剤を加えたりして、最終製品として必要な性能を整えます。この時に、加える成分と粒子分散液に含まれる成分との組み合わせや添加の方法が適切でないと、せっかく分散した粒子が再凝集してしまうことがあります。これを、「希釈ショック」とか「溶解ショック」と呼びます。

図1-1に示したように、粉体を分散してスラリーやペーストにする目的は様々です。したがって、スラリーやペーストが所持すべき性質も目的によって異なります。例えば、金属ペーストやセラミックスラリーのように、最終的には金属やセラミックスとしての性質や機能を発現させたい場合には、乾燥状態での有機物（分散剤やバインダー樹脂）の量は、できるだけ少ないほうが好ましいので、分散剤の量は極小化する必要があります。

一方、塗料では、最終的に塗膜中の顔料粒子の濃度は、体積濃度で数％から数十％で、残りは有機物のマトリクス樹脂ですから、分散液が持ち込む有機物の量そのものはあまり問題にはなりません。ただし、耐候性や密着性などの塗料性能に影響することは許されないので、耐候性が不良な分散剤や多量の分散剤（粒子に吸着するだけでなく、基材／塗膜界面にも吸着するので密着性を阻害することが多い）の使用は不可となります。分散機に関しては、ビーズミルのベッセルやアジテーターなど接液部の部材は通常ステンレス製です。使用するビーズの材質や周速などの運転条件によっては、摩耗によりステンレスの不純物が混入する可能性があります。ファインセラミックスをはじめとして、このような不純物を嫌う用途では、接液部がジルコニアなどで被覆処理された（高価な）ミルを選択する必要が出てきます。

このように、粒子分散液を作成する際には、その使用目的に合わせた配合設計やプロセス選択を行う必要があります。ある意味、粒子の分散だけができればよいのであれば、話は簡単です。目的に応じた、限られた条件の中で粒子分散液を得る、というところに難しさがあります。

Q 2-1-2

微粒化の方法には粉砕と解砕があると聞きましたが、何が違うのですか？

A2-1-2

出発物質である粗大粒子が、連続した塊であり、これを細かく砕いて微細化するのを「粉砕」、１次粒子が多数凝集した粗大粒子を解凝集するのを「解砕」と呼びます（図2-2）。

「粉砕」は「破砕」と呼ばれることもありますが、粉砕よりも破砕のほうが得られる粒子径が大きい場合を指すことが多いようです。粒子分散では「粉砕」のほうが適当かもしれません。

大事なことは、粉砕も破砕も、1つの塊であったものを砕くことで、微視的にはつながっている箇所を切断することです。つながっているという表現はあいまいですが、高分子の共有結合や、結晶性物質のイオン結合、水素結合などの高エネルギー結合が含まれます。

切断されたところには、ラジカルや不安定な官能基などの活性点が生成しま

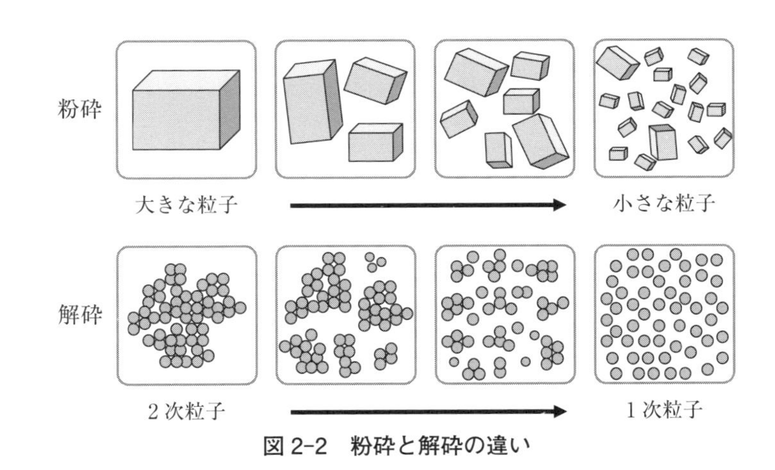

図 2-2　粉砕と解砕の違い

す。粒子径が数μm以上では、その影響は微小ですが、粒子径がそれ以下になると、過分散と呼ばれる不具合現象（Q2-6-13参照）が生じることがあります。

一方、「解砕」は、気相法や液相法で作成された１次粒子に相当する微粒子[1)]が、洗浄や濾過、乾燥などの工程で凝集した凝集粒子塊を出発物質とし、解凝集させる操作を指します。微粒子の凝集に関与している力は、ファンデルワールス力や水素結合力などです。粒子に分割するのに必要なエネルギーは、粒子の大きさが同じであれば、解砕のほうが粉砕よりも少なくて済みます。

目標とする分散粒子径がサブミクロン以下の場合は、粉砕ではなく解砕を用いる場合が多いようです。

以上は、これから本書で粒子分散を考えていく上での区別です。「粉砕」という言葉は、粉体の製造プロセスなどでは、上記の定義では解砕（解凝集）を行っている場合でも使用されますので、あくまで原則論として考えてください。

本書では、解砕による粒子分散液の製造を中心に解説します。この意味で、本書で解説する粒子分散工程は、アグロメレートを結晶体やアグリゲートまで解きほぐす工程、もしくは2次粒子を1次粒子に分割する工程ということができます。

さらに、粒子分散液の製造に当たっては、1次粒子径の大きさが目的とする粒子径と同等の大きさの粉体を、まず入手する必要があります。

破砕、粉砕、解砕のように「砕」が付く粉体関係の用語に摩砕があります。これは、粒子にせん断的な力を加えることによって摩擦的に破砕・粉砕を進める操作を指します。碾臼（ひきうす）で小麦から小麦粉を作るイメージです。ボールミルやビーズミルでは、ミル内で主に媒体同士が激しい摩砕作用をともないながら、互いに衝突し合うことから微細な領域にまで粉砕が可能です。

1)　奥山喜久夫，鈴木久男，齋藤文良：粉体工学会　編「粉体工学ハンドブック」，p.p.316-337，朝倉書店（2014）

Q 2-1-3

粉砕で、どれくらいまで微粒化できますか？ 何か注意点はありますか？

A2-1-3

乾式プロセスでは数μm程度まで、湿式プロセスでは数十nm～数百nmまで微粒化が可能と言われています。粉砕に伴い、ラジカルや不安定な官能基などの活性点が生成し、微粒化の阻害、粒子分散液の異常な増粘、粒子の物性や結晶構造の変化などが生じることがあり、この傾向は微粒化度が高くなるほど顕著になるので注意が必要です。

物質が同一で、目的とする粒子径が同一であれば、解砕よりも粉砕のほうが多大なエネルギーが必要になります。物質の種類によって、このエネルギーは異なるので、到達可能な粒子径も物質によって異なりますが、おおむね上記の回答（A）欄で記載した粒子径が限界です。それ以上に微粒化できるとする報告もありますが、ほとんどが粉砕というよりは粒子の摩耗によるものです。

目標とする粒子径が小さいほど、装置・プロセスの選択、さらに湿式の場合には分散剤や溶剤の選択などの配合設計に、入念な工夫が必要なことはいうまでもありません。

また、粉砕比（出発物質の大きさと、目的とする粒子の粒子径の比率）を極端に大きくすることは効率的でないため、いくつかの粉砕機・分散機を組み合わせて、段階的に微粒化する必要があります。

サブミクロンサイズ以下の粒子分散液を作成するには、湿式の解砕によるのが一般的です。

粉砕機の詳細については他書[1)]を参照してください。

Q2-1-2で記載しましたが、粉砕の際、対象の物資が高分子であれば、主鎖の共有結合や鎖間の架橋結合が、結晶性物質であれば、イオン結合や水素結合などの、高エネルギー結合が切断されます。

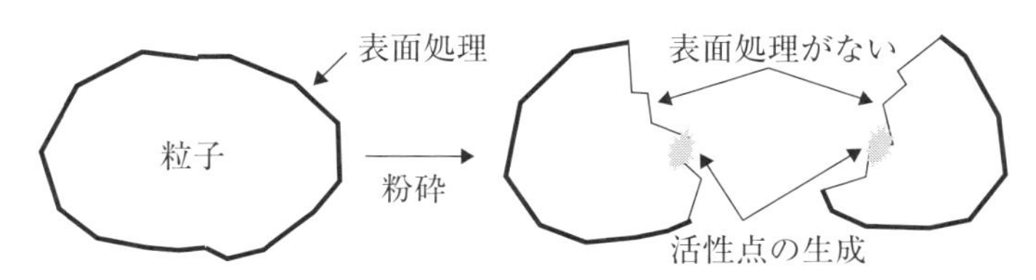

図 2-3　表面処理された粒子の粉砕面

切断されたところには、ラジカルや不安定な官能基などの活性点（反応性や付着性に富む点）が生成しやすいのですが、粒子が大きい時（おおむね数μm以上）には、その影響は顕著ではありません。

一方、粒子径が小さくなると、以下の影響が表れやすくなるので、注意が必要です。

①活性点同士が反応して、粒子同士が再結合して分散が進行しない。

②活性点が溶剤や酸素などと反応し、粒子の表面エネルギーが増加する結果、粒子間のフロキュレート（Q1-2-2参照）が生成して、分散液の流動性が低下する（現象的には、分散を進めるほど、分散液の粘度が増加するとともに、ボテボテとした流動性を示すようになります）。

③活性点が起点となって、粒子全体の結晶構造や物性（耐久性や電磁気的性質など）が変化する。

特に③は分散液そのものには変化が現れず、分散液を使用して製造した最終製品の性能に影響が現れます。工場では気がつかず、最終製品となって市場に出回ってから市場クレームとなり、深刻な事態を招きかねません。

また、当たり前の話ですが、表面処理がなされている粒子を粉砕してしまうと、粉砕で生成した面には表面処理が施されていません。一般的に表面処理は粒子の表面性質を変化させるために施されていますから、1つの粒子分散液の中に、性質が異なる表面が共存することになります。結果的には、上記の①～③がより現れやすくなります（**図2-3**）。

同じ出発物質（原料）であっても、分散度を上げて微粒子化した際には、必ず諸性能のチェックが必要です。

1)　横山豊和：粉体工学会　編「粉体工学ハンドブック」, p.p.341-346, 朝倉書店（2014）

Q 2-1-4

カーボンブラックのカタログに１次粒子径が記載されていますが、いくら分散してもそこまで小さくなりません。どうすればよいですか？

A2-1-4

カーボンブラック業界での１次粒子の定義は、粒子分散で言う１次粒子の定義（Q1-1-2参照）と異なります。カーボンブラックでは、製造時の熱融着で生成するアグリゲートを構成する基本粒子を「１次粒子」、その粒子径を「１次粒子径」と呼びます。アグリゲートは通常の分散では解凝集できないので、到達可能な粒子径は１次粒子径とはなりません。

カーボンブラックは原料の炭化水素を、酸素が乏しい高温の気相中で熱分解したり、不完全燃焼させたりして製造されます。電子顕微鏡で観察すると、**図2-4**に示す球状の粒子が房状につながったぶどうのような形状の粒子が観察されます。

これは、初期は球状の液滴であった炭化水素が、炭素に変化する過程で粒子同士が熱融着するためです。熱融着であるため、球状粒子間の凝集は非常に強く、この凝集体はQ1-1-2で示したアグリゲートに相当します。

粒子分散では、アグリゲートの大きさが１次粒子径（到達可能な分散粒子径）となるのですが、カーボンブラック業界では、この球状粒子1つの大きさを1次粒子径と呼びます。

製造条件を制御することにより、球状粒子のつながり構造を発達させたり抑制したりすることができます。つながり構造の発達の程度（アグリゲートの大きさ）はストラクチャー（structure）という用語で表現されます。

ストラクチャーは吸油量（Q1-3-1参照）で定量化されます。当然、球状粒子の粒子径が小さくなるほど、吸油量は大きくなります。さらに、球状粒子の粒子径が同じであれば、ストラクチャーの発達しているカーボンブラックでは、図2-4に示すようなポケット部を油が満たす必要がありますから、その分、吸

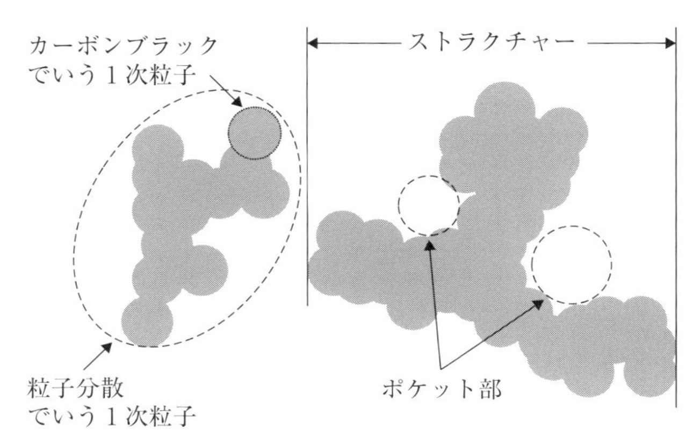

図 2-4　カーボンブラックの 1 次粒子

油量は大きな値を示すことになります。

よく粒子分散の相談で、「カタログには1次粒子径が数十nmと書いてあるのに、いくら分散してもそこまで小さくならない」と聞きますが、上記の理由で、カタログ値の数倍～数十倍が微粒化の限界です。

分散粒子径を小さくするためには、カーボンブラックのカタログで、1次粒子径が小さくて、かつ、ストラクチャーの発達していない（吸油量の小さい）品種を選択することが必要となります。ただし、そのような品種は分散安定化が難しく、分散剤などの配合設計をきちんと行わないと、擬塑性の大きなボテボテの粒子分散液になったり、粒子径が大きな粒子分散液しか得られなかったりします。

カーボンブラックの表面は、製造法[1)]にも依存しますが、極性が低くて濡れ性に劣るため、酸化処理により濡れ性を改善した銘柄が多く存在します。酸化処理により、pH値（JIS K 5101-17：一定濃度の水懸濁液のpH値）が、処理なしは6～9、処理ありは2～4を示します。1次粒子径、ストラクチャー（吸油量）、pH値は分散に関与するカーボンブラックの三大性質です。

1）　伊藤征司郎　編：「顔料の辞典（普及版）」，p.227，朝倉書店（2010）

第 2.2 節　粒子分散の単位過程

Q 2-2-1

粒子分散の過程を細分化して考えることはできますか？

A2-2-1

粒子分散は１つの工程と考えがちですが、３つの単位過程に分けて考えると、分散配合設計や分散プロセス設計、トラブルシューティングなどでは便利です。この３つの単位過程とは、**図 2-5** に示す「濡れ」、「機械的解砕」、「安定化」です。

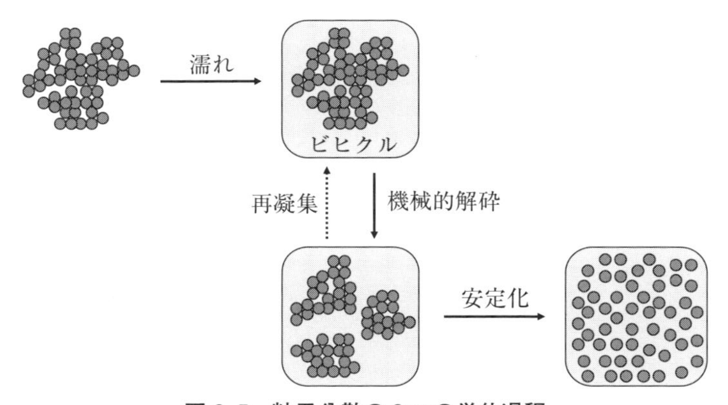

図 2-5　粒子分散の３つの単位過程

「濡れ」の過程では、粒子表面が連続相のビヒクルに濡らされます。難しく言うと、固/気界面が固/液界面に置換されます。この際、ビヒクルが毛管現象で粒子凝集体（2次粒子）の内部まで浸透（以下、毛管浸透）することが、粒子分散では重要です。毛管浸透により、粒子同士の凝集力が低下すると同時に、粒子凝集体の内部まで連続相とつながることで、分散機によるずり力や衝撃力が凝集体内部まで伝わりやすくなります。

次に、分散機による力が加わって、より小さな2次粒子や1次粒子に解凝集されます。この過程は機械力で分割されるので「機械的解砕（Mechanical

Disruption）過程」と呼びます。解凝集されただけの粒子は、熱運動による衝突やファンデルワールス力などにより、簡単に再凝集してしまうので、再凝集しないように何らかの仕掛けを講じなければなりません。

再凝集を防止するのが「安定化過程」です。安定化過程では、粒子間に反発力を生じさせるのが望ましく、粒子表面に電荷をもたせ、粒子周りに形成される電気二重層間の反発力を利用する考え方（Q2-2-6参照）と、粒子表面に高分子を吸着させて、吸着層間の反発力を利用する考え方（Q2-2-7参照）があります。

3つの単位過程が全て満足された場合、「分割され、再凝集に対して安定化された2次粒子に、さらに濡れが生じて分割されて…」、というサイクルが次々に回って、理想的には1次粒子まで解凝集され、かつその状態が安定して継続します。1次粒子まで解砕するためには、3つの単位過程の全てが分散工程を通じて継続的に生じる必要があります。濡れは前混合工程だけの問題と言われることがありますが、誤りです。

コラム6　粒子分散系の名称

本書で主に扱う固体粒子が液体中に分散した粒子分散液は、スラリー（slurry）やサスペンション（suspension）、ペースト（paste）などと呼ばれます。これらの呼び方は粒子分散液を利用する業界によっても異なりますし、粒子分散液の流動性や粒子濃度によって区分されることもあります。学術分野では、粒子状に分散しているほうを「分散質」、分散させている連続相のほうを「分散媒」と呼びます。分散質や分散媒の状態には、固体、液体、気体の3つの状態があります。分散質と分散媒がどの状態かによって粒子分散系を分類し、分散質（粒子）が○体で、分散媒（連続相）が■体の粒子分散系を、粒子のほうを前にして、○■分散系と呼びます。○、■はそれぞれ気、液、固のどれかです。例えば、本書で主に取り上げる粒子が固体で、連続相が液体の粒子分散液は、「固液分散系」と呼びます。

Q 2-2-2

なぜ濡れると粒子の凝集力が低下するのですか？

A2-2-2

解凝集の対象となる2次粒子の凝集力（粒子間引力）としては、ファンデルワールス力が重要です。粒子間のファンデルワールス力は、粒子の種類と粒子の間に存在する物質（媒体）の種類に依存するのですが、粒子の種類に関わらず、媒体が空気（乾燥粉）よりも、液体のほうが小さくなります。すなわち、濡れると凝集力は低下するということです。

図2-6のように、表面間距離Hで向かい合う半径aの2つの粒子同士のファンデルワールス力による相互作用（引力）エネルギー$V_A(H)$は、$H<<a$の場合に、式①のように表されます。

$$V_A(H) = -\frac{A_{131}a}{12H} \qquad \text{式①}$$

ここでA_{131}はハマカー（Hamaker）定数と呼ばれます。添字の131は媒体3の中での粒子1同士の相互作用という意味で、粒子や媒体が変われば、その値も変化します。

表2-1にハマカー定数の一例を示します。A_{11}はその粒子が真空中にある時の値ですが、空気中でもさほど大きな違いはありません。固体粒子に関しては乾燥粉の状態になります。これらの粒子のハマカー定数は水やトルエンの中では、それぞれ水中、トルエン中と示した欄の値になります。ここでA_{33}は、水もしくはトルエンの液滴粒子が真空中に存在する時の液滴粒子同士のハマカー定数です。

ハマカー定数がA_{33}である媒体中での、ハマカー定数がA_{11}の粒子同士のハマカー定数A_{131}は、次の式②で計算できます（A_{11}、A_{33}は、それぞれ真空中での値）。

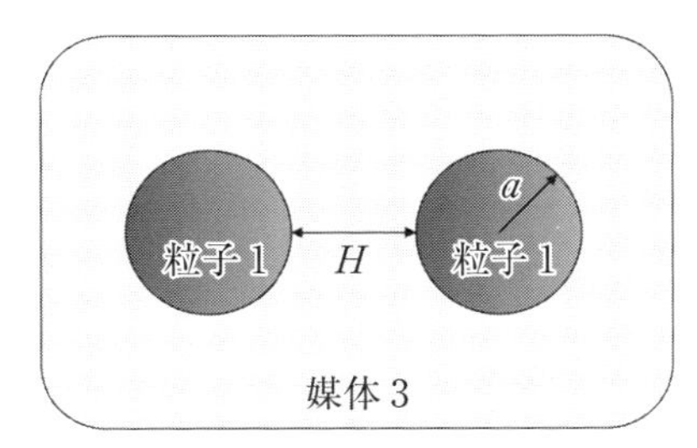

図 2-6　表面間距離 H 離れた半径 a の 2 つの球

表 2-1　水、トルエン（媒体 3）の中での各種粒子 1 同士のハマカー定数 A_{131}

粒子		A_{131}	
粒子名	A_{11}	水中 ($A_{33}=4$)	トルエン中 ($A_{33}=10$)
シリカ	15	3.51	0.51
酸化鉄	16.4	4	0.64
酸化チタン(アナターゼ)	20	6.1	1.7
酸化チタン(ルチル)	25	9	3.2
カーボンブラック	99	64	46.2
ポリスチレン	6.2	0.25	溶解
ヘキサン	5.5	0.12	混合

A_{11}、A_{33} は真空中での同種物質間のハマカー定数　　　単位 10^{-20} J

$$A_{131}=\left(\sqrt{A_{11}}-\sqrt{A_{33}}\right)^2 \quad \text{式②}$$

表2-1から明らかなように、水やトルエン中では真空中（空気中）に比べ、ハマカー定数は数分の1から数十分の1に減少しています。すなわち、濡らされることにより粒子間の相互作用エネルギーが減少し、凝集力は低下します。

なお、表2-1にはポリスチレンとヘキサンの値も示しています。これはエマルション粒子のような液/液分散系を想定したものです。液/液分散系における粒子間引力は固/液分散系よりも1桁以上小さいことが理解できます。

Q 2-2-3

濡れには粒子やビヒクルのどのような性質が影響しますか？

A2-2-3

粒子分散の単位過程としての濡れでは、毛管現象で粒子凝集体内部までビヒクルが浸透することが重要です。この毛管浸透に影響する因子としては、粒子表面に対するビヒクルの接触角、ビヒクルの粘度と表面張力、凝集体内の隙間の大きさが挙げられます。

Q2-2-1で説明したように、粒子凝集体内部まで毛管現象によりビヒクルが濡れ広がることにより、粒子同士の付着力が低下するとともに、分散機による機械力が凝集体の内部まで伝わり、解凝集されやすくなります（**図2-7**）。

この粒子凝集体中の隙間への毛管現象による浸透速度は、ウオッシュバーン(Washburn)の式を使って表せます。

ウオッシュバーンの式にはいくつかの表現形式がありますが、例えば、半径Rの毛細管内を、ビヒクルが長さl浸透するのに必要な時間tは、**図2-8**に示す式で表されます。kは複雑な形状の隙間を一様で真っ直ぐな毛細管と近似したことに関する修正係数です。ウオッシュバーンの式は、kやRなどの粒子の凝

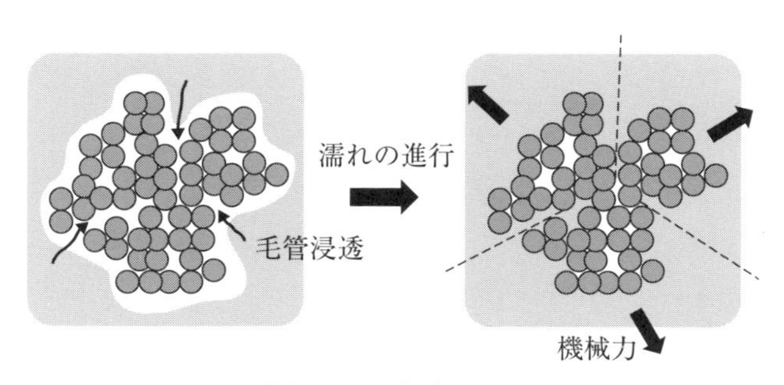

図 2-7　濡れの過程では凝集隙間への毛管浸透が重要

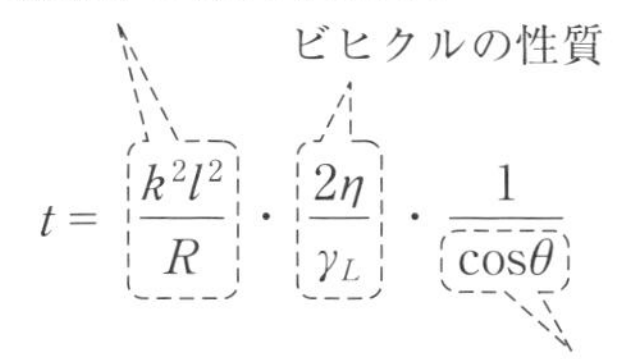

$$t = \frac{k^2 l^2}{R} \cdot \frac{2\eta}{\gamma_L} \cdot \frac{1}{\cos\theta}$$

t：浸透時間、k：定数、l：毛細管への浸透距離、
R：毛細管の半径、η：ビヒクルの粘度、
γ_L：ビヒクルの表面張力、
θ：粒子表面とビヒクルの接触角

図 2-8　ウオッシュバーンの式

集状態に関する幾何学的因子と、ηやγ_Lのビヒクルの性質に関する因子、θというビヒクルと粒子表面の親和性に関する因子から構成されています。すなわち、これらの因子が濡れに影響します。

濡れが良いということはtが小さいということですから、そのためには、まず、凝集体中の隙間Rができるだけ大きい、フワッと凝集した、粒子粉体を選択することが重要です。粒子製造工程において、大きな圧力で圧搾されたり、急激な加熱で乾燥されたりすると、隙間が小さくなるので、濡れは悪くなります。

次に、θをできるだけ小さくする必要があります。Q1-4-9で説明したように、粒子の表面張力γ_Sは大きいほうが、ビヒクルの表面張力γ_Lは小さいほうがθは小さくなります。θが90°以上では、毛細管内のメニスカスが凸型となり、隙間内部への濡れは生じません。接触角がゼロとなって固体表面をどんどん濡れ広がる拡張濡れ（Q1-4-10参照）が濡れの過程では理想的です。

ビヒクル粘度は低いほうが濡れには良いのですが、ロールミルなどのずり力が支配的な分散機では、ずり力が作用しにくくなりますので注意が必要です。

Q 2-2-4

機械的解砕の過程を考えるには、どのような視点が重要ですか？

A2-2-4

機械的解砕の過程では、濡れて凝集力が低下した2次粒子が、分散機のずり力や衝撃力で、より小さな2次粒子や1次粒子に解凝集されます。これらの力をいかに効率的に2次粒子に働かせるかという視点が、機械的解砕の過程では重要です。

分散機やプロセスの設計・選択では、ミルベースの粘度に適しているか、目標とする分散度や原料の1次粒子径に応じた能力か、という視点が大切です。詳細については第2章2.6節や他の書籍[1)]を参照してください。

2次粒子径は大きいが、目標とする分散粒子径が小さい場合には、一度に微粒化することは効率的ではなく、複数種類の分散機を用い、粗分散と仕上げ分散のように分けたほうが効率的なこともあります。また、ビーズミルのような衝撃力を主体とした分散機で投入エネルギー密度が大きい機種は、1次粒子が粉砕されてしまうこともあるので、軟らかな粒子の分散などでは注意が必要です。

冷却能力も重要な視点です。分散剤やバインダー高分子の吸着は、発熱的な相互作用で進行しますから、ミルベースが高温になると脱着側に平行が傾くことになり、分散安定性不良によるブツ発生や増粘が生じる可能性もあります。さらに、水性系で使用される分散剤の多くが、親水部としてポリオキシエチレン基を持っています。ポリオキシエチレンは、高温になると脱水和するという性質を持っており、分散剤として機能しなくなるので注意が必要です。

分散とは直接関係はありませんが、ビヒクルや粒子の性質によっては分散機接液部の材質（耐薬品性、耐摩耗性など）にも注意が必要です。

1)　小林敏勝, 福井寛:「きちんと知りたい粒子表面と分散技術」, p.151, 日刊工業新聞社（2014）

Q 2-2-5

分散安定化はどうすればよいのですか？

A2-2-5

まず分散安定化を、粒子間引力を低下させて不安定性を低減することと、粒子間に反発力を生じさせる狭義の分散安定化に分けて考えます。前者は粒子/ビヒクルの界面張力を低下させます。後者は、ある距離以下に粒子同士が接近すると、反発力が生じて、それよりは近づけないようにします。

粒子とビヒクルの界面張力が大きいほど粒子分散液は不安定で、界面の面積を減らすために、フロキュレート形成や再凝集が起こりやすくなります。界面張力を低下させて不安定性を低減させれば、フロキュレート形成による流動性不良や凝集体の生成を軽減できます。

粒子とビヒクルの界面張力γ_{SL}は、Q1-4-9式③と式④から、

$$\gamma_{SL} = (\sqrt{\gamma_S} - \sqrt{\gamma_L})^2 \qquad \text{式①}$$

と表せます。γ_{SL}を低下させるには、粒子の表面張力γ_Sとビヒクルの表面張力γ_Lをできるだけ近くします。実際には、溶剤の種類を変更したり粒子の表面処理をすることになります。また、界面活性剤を粒子表面に吸着させると、低分子なので粒子間の反発力は十分ではないものの、界面張力が低下するので不安定性の低減には寄与します。

反発力発生のメカニズムには、粒子表面の静電荷によるものと高分子の吸着によるものがあります。

それぞれのメカニズムについては重要ですので、Q2-2-6とQ2-2-7で説明します。

Q 2-2-6

静電荷による分散安定化とはどのようなメカニズムですか？

A2-2-6

粒子表面に生成した正もしくは負の電荷間の静電斥力によると説明されます。実際には、粒子表面の電荷により粒子近傍に生じる正負イオン数がアンバランスで粒子と反対電荷イオンの濃度が高濃度な領域（電気二重層）が、粒子同士が接近した時に重なり合い、浸透圧によって周囲の溶剤が粒子間に流入するためとされています。

粒子表面にイオン性物質が吸着したり、表面からイオンが脱離したりすると、粒子表面には静電荷が発生します。そうすると、粒子表面の電荷とは反対電荷のイオンが粒子近傍に集まってきて粒子はイオンの雲に覆われたような状態になります。雲の中のイオンの濃度はバルク溶液中よりも高い状態です。このような粒子同士が接近すると、イオン雲同士が重なり合い、イオン濃度はさらに上昇することになりますから、周りから浸透圧により溶媒が粒子間に侵入します。この溶媒の動きは粒子同士を引き離すように働きますから、結果として凝集を妨げることになります。このような考え方は、DLVO理論と呼ばれています。詳細については、他の書籍[1)、2)]を参考にしてください。

多くの実用的な粒子分散液では、夾雑（きょうざつ）イオン濃度が高い（電気二重層が薄い）、異種電荷粒子の共存、高粒子濃度（粒子間距離が小さい）などの理由で、十分な粒子間反発力を得ることは困難です。

1)　北原文雄，古沢邦夫，尾崎正孝，大島広行：「ゼータ電位」，サイエンティスト社（1995）
2)　小林敏勝，福井寛：「きちんと知りたい粒子表面と分散技術」，p.12，日刊工業新聞社（2014）
…　要点のみ

Q 2-2-7

高分子吸着による分散安定化とはどのようなメカニズムですか？

A2-2-7

吸着高分子層の重なり合いに伴う浸透圧の発生と、圧縮された高分子鎖が元に戻ろうとする立体障害効果の２つのメカニズムがあります。

高分子が粒子表面に吸着すると、粒子同士を引き離す力が発生しますが、その機構は2つ考えられます（**図2–9**）。1つは図2–9の①で、粒子同士が接近すると、吸着した高分子鎖同士が重なり合います。重なり合った部分は濃度が高くなるので、浸透圧によって周りから溶剤が流入し、粒子が引き離されます。これを浸透圧効果と呼び、高分子の分子量が比較的低い（～数万）場合に生じます。分子量が大きくなると（数万～）、図2–9の②に示すように、1つの鎖の自由体積内には他の鎖が入れなくなります。粒子同士が接近すると、広がった鎖が圧縮されてしまいますが、そうすると、鎖は元の自由な状態に戻ろうとして、粒子を引き離すように力が働きます。この機構は立体障害効果と呼ばれます。また、粒子同士が接近すると、鎖が取り得るコンフォメーション（conformation）が制約され、エントロピーが減少してギブス自由エネルギーが増加します。これは系にとって不利な方向なので、それを避けようとするとも解釈できますので、エントロピー効果とも呼ばれます。

市販の高分子分散剤は、分子量が数千～数万のものが多いので、①の浸透圧効果が主体的であると考えられます。

界面活性剤も分散剤と呼ばれることがありますが、分子量がたかだか500程度ですので、粒子（特に固体粒子）間に十分な反発力を生じさせることは困難です。ただし、Q2-2-5で記載したように、粒子表面に吸着してビヒクルとの界面張力を低下させ、分散の不安定性を軽減しますので、フロキュレートの軽減による流動性の改善や、ブツと呼ばれる粗大凝集体の生成抑制には効果が期

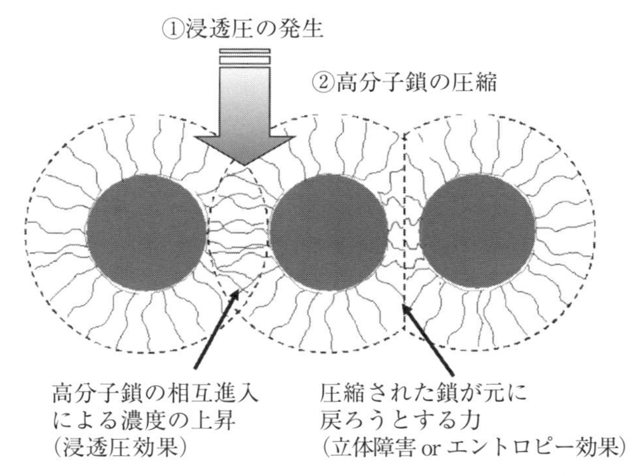

図 2-9　高分子吸着による分散安定化のメカニズム

待できます。

界面活性剤では粒子間の反発力は不十分ですので、フロキュレート形成を解消してニュートン流動に近い流動性を得るためには、高分子分散剤が不可欠です。このための高分子分散剤の分子量は著者の経験では数千以上が必要です。また、分子構造中での粒子表面に吸着するアンカー部と溶剤中に伸び広がる溶媒和部（テール部）の分布状態も粒子分散性に大きな影響を及ぼします。この点については、第2章2.5節で詳しく取り上げます。

分子量が大きすぎると、稀に枯渇凝集と呼ばれる凝集が生じることがあります。粒子に吸着しない高分子が粒子濃度の高い分散液中に存在すると、粒子間距離が高分子に比べて小さくなり、粒子と粒子の間に高分子が入り込むことができません。結果的に、粒子間の高分子濃度が低くなって、浸透圧により粒子間の溶剤が吸い出され、粒子同士が引き寄せられて凝集してしまいます。

Q 2-2-8

なぜ粒子の表面処理をするのですか？　分散性に影響しますか？

A2-2-8

粒子の表面を処理する目的は、**表2-2**に示すように様々です。表の中で、分散性に影響する性質を太字で示しますが、表2-2から明らかなように、ほんの一部に過ぎません。また、表面処理は、分散性改良を意図して行われる場合と、他の目的で行った表面処理が結果的に分散性に影響する場合とがあります。

表 2-2　粒子の表面処理によって制御される性質（原報[1]を一部修正）

性質	目的とする具体的性質
表面性状	**比表面積**、**表面張力**、細孔分布、表面清浄度、表面層の結晶構造、表面粗度、応力分布など
物理的性質	**親水・疎水性**、**表面電荷**、吸湿性、結露性、接着性、摩擦係数、潤滑性、硬度、耐摩耗性など
電磁気的性質	導電性、絶縁性、導波性、電気抵抗性、磁性、電磁波吸収性、光電効果、エレクトロクロミズムなど
光学的性質	色（光の吸収・反射・透過・干渉）、光散乱、光半導体的性質、蛍光性、耐光性など
熱的性質	熱伝導性、吸熱性、熱反射性、熱放射性、断熱性、耐熱性、熱電効果など
化学的性質	**酸・塩基性**、酸化・還元性、光触媒作用、化学吸着性、化学反応性、燃焼性、耐薬品性、耐食性、結晶安定性など
生物学的性質	抗菌性、生体適合性、徐放性、スキンケア性など

太字は分散性に大きく影響する項目

例えば、有機溶剤系での分散を考えた場合、分散安定化は分散剤の吸着によるのですが、吸着のドライビングフォースは粒子と分散剤の酸塩基相互作用です。したがって、粒子表面に酸性もしくは塩基性の部位を形成するような処理が施されると、分散性は良くなりますが、このような部位は一般的に親水性なので、表面を疎水化するような処理が施されると、逆に分散性は悪化します。

水性系では分散剤は疎水性相互作用で吸着しますから、疎水化により分散剤の吸着が促進されて良い方向に働く場合がありますし、逆に水性ビヒクルへの濡れが阻害されて悪化する場合もあります。

このように、粒子の表面処理は分散性を改良する場合もあれば、悪化させる場合もあります。また、水性系では良くても有機溶剤系では悪化する場合もあります。

分散性改善のためには、粒子のビヒクルに対する濡れや分散安定化の改善が重要で、このためには表2-2の親水・疎水性、酸・塩基性の制御が必要です。

濡れ性の改善のためには、粒子の表面張力を大きくする必要があります。例えば、親水化処理と呼ばれる処理は、ほとんどの場合、表面張力の小さな有機粒子に対して施され、表面張力の大きい水性ビヒクルに対する濡れを改善します。

分散安定化のメカニズムは粒子表面に発生した静電荷の反発力によるものと、粒子表面に吸着した高分子の立体障害効果によるものがあります。高分子吸着のドライビングフォースは、有機溶剤系では酸塩基相互作用ですので、粒子表面に酸性や塩基性の部位を形成する処理が行われます。また、酸性や塩基性の部位は水性ビヒクル中では解離して、それぞれマイナスやプラスの静電荷発現にもつながります。

水性系での高分子吸着で、疎水性相互作用を利用する場合、無機粒子のような親水性の粒子に対し、濡れを阻害しない程度に疎水性部位を形成したり、疎水性物質で被覆したりする処理が行われます。具体的な表面処理の方法については、対象粒子や処理に使う物質が多種多様であり、膨大な数の手法が提案されています[2)]。

1)　小林敏勝，福井寛：「きちんと知りたい粒子表面と分散技術」，p.170，日刊工業新聞社（2014）
2)　小林敏勝，福井寛：「きちんと知りたい粒子表面と分散技術」，p.p.169-201，日刊工業新聞社（2014）

第 2.3 節　水性系での粒子分散

Q 2-3-1

水性系と有機溶剤系では粒子分散の考え方が異なるのですか？

A2-3-1

水は有機溶剤に比較して表面張力が非常に大きいので、特に有機質の粒子に対する濡れに配慮が必要です。また高分子吸着のドライビングフォースが疎水性相互作用で、有機溶剤系とは異なります。したがって、粒子分散についても考え方が異なります。

水は、他の一般的な有機溶剤に比べて、分子量が小さい割には、表面張力や溶解性パラメーター（SP）値が大きい、蒸発潜熱が大きい、誘電率が大きい、など非常に特異的な性質を示します。これは、水分子がお互いに水素結合で強く引き合っているためです。

また、水はQ2-3-6で説明しますが、液体状態でも規則的に分子が配置しており、この構造性が疎水性相互作用と呼ばれる水中でのみ生じる相互作用の原因となっています。大きな分子間力と規則正しい液体構造という特徴から、水を粒子分散液の溶剤として扱う際には、実務上、他の有機溶剤と区別して考えたほうがよいようです。

Q1-4-9、Q1-4-10で説明したように、固体の表面張力γ_Sが大きいほど、液体の表面張力γ_Lが小さいほど、接触角θは小さくなり、さらに$\gamma_S > \gamma_L$の時$\theta = 0$の拡張濡れとなります。拡張濡れの状態では、粒子凝集体の内部まで溶剤が吸い込まれるように浸透するので、粒子分散では理想的です。

代表的な溶剤と固体の表面張力値を、それぞれ**表2-3**と**表2-4**に示します。無機粒子はもとより、有機粒子であっても、一般的な有機溶剤よりは表面張力が大きいので、拡張濡れとなります。したがって、有機溶剤系での粒子分散では濡れの過程は理想的な状態ですので、その良否が粒子分散に影響することはありません。ただし、例えばテフロン粉をトルエン中で分散するなど、極端に

表 2-3　代表的な液体の表面張力

液体名	表面張力(mN/m)
ヘキサン	18
エチルアルコール	22
アセトン	23
ブチルセロソルブ	27
トルエン	29
水	73

表 2-4　代表的な固体の表面張力

	固体名	表面張力(mN/m)
有機固体	テフロン	18
	ポリプロピレン	29
	ポリスチレン	36
	PET	43
	エポキシ樹脂	47
	銅フタロシアニン(顔料)	47
	チオイジゴドンレッド(顔料)	51
無機固体	カオリン	170
	酸化鉄	1400
	銀	900
	銅	1100
	ニッケル	1700

表面張力の低い粉体を扱う場合は、付着濡れとなりますので、話は別です。

一方、水の表面張力は、有機固体の表面張力よりも大きいので、付着濡れとなります。このため、表面張力が低い有機粒子を水性系溶剤で分散するには、濡れの過程にまず着目する必要があります。ここで、水ではなく水性系溶剤と記載するのは、実用的な粒子分散液では、溶剤の100%が水ではなく、アルコールや高極性のケトン、エステル系有機溶剤などが、非水溶性原材料の使用などの理由で混在していることが多いからです。

また、多くの高分子は水には溶解しません。溶解するのは、イオン性官能基があるか、水酸基やポリオキシエチレン基のような親水性官能基がある場合に限定されます。したがって、分散剤の選択では、溶剤中に溶け広がる部分の化

表 2-5　粒子分散溶剤としての水性系と有機溶剤系の比較

	溶剤としての特徴	粒子分散での留意点		
		濡れ	機械的解砕	安定化
水性系	①規則的な液体構造 ②有機溶剤に比べ大きな ・表面張力 ・誘電率 ③高極性物質を溶解、混合	有機系粒子は濡れ不良	①起泡 ②高温になると分散剤が脱水和 ③接液部の腐食・溶出	①疎水性相互作用による高分子吸着 ②静電斥力による安定化は限定的条件下
有機溶剤系	表面張力、溶解性、誘電率に豊富なバリエーション	ほとんどの粒子に対し拡張濡れなので問題なし	揮発による作業環境汚染	酸塩基相互作用による高分子吸着

学構造が、有機溶剤系用分散剤とは異なるものを採用しなければなりません。

さらに、水性系での特異的な相互作用として、疎水性水和や疎水性相互作用があり、疎水性物質の粒子への吸着に重要な役割を果たしますが、これは上記の規則正しい構造に起因します（Q2-3-6 参照）。水性系用の分散剤では粒子への吸着部（アンカー部）として、疎水性相互作用に関与するアルキル基やフェニル基などが用いられていますが、これらは有機溶剤系ではアンカー部として作用しません。その他、粒子分散液に水性系溶剤を用いる際の留意点を、有機溶剤系との比較で**表 2-5** に示します。詳細については他の書籍[1)]を参照下さい。

粒子分散とは直接関係しませんが、粒子分散液（含有組成物）を塗工したり成形したりする際にも、溶剤として水を用いる際には注意が必要です。例えば、以下のようなことが挙げられます。

①蒸発潜熱が大きい（トルエンの約 0.4kJ/g に対し水は 2.3kJ/g）ので、蒸発しにくく、塗工や成形した後の乾燥が遅くてタレたり変形が生じる。

②表面張力が大きいので、塗工の際にハジキによる塗工不良が生じる。

③誘電率が大きいので、静電塗装などの静電プロセスの適用に工夫が必要。

1)　小林敏勝，福井寛：「きちんと知りたい粒子表面と分散技術」，p.116，日刊工業新聞社 (2014)

Q 2-3-2

水性系における粒子分散では、粒子分散の単位過程について、それぞれどのように考えればよいでしょうか？

A2-3-2

水性系での留意事項については、Q2-3-1の表2-5に示した通りで、表面張力が水より小さい有機質粒子に対する濡れの配慮、機械的解砕過程での起泡と接液部の耐食性、高分子の溶解性と粒子に対する吸着のドライビングフォースが有機溶剤系と異なることなどへの留意が必要です。

水の表面張力γ_Wは、ほとんどの有機固体粒子の表面張力γ_Sより大きいので、接触角が有限の値を示す付着濡れとなり、界面活性剤の添加や粒子の表面処理などで濡れを促進する必要があることは先述の通りです。さらに、接触角θが90°以上（$\cos\theta<0$）では、毛管に対するメニスカスが凸型となって、粒子凝集体の隙間へ全く浸透しません。この時の条件は、Q1-4-9の式⑤より、

$$\cos\theta=2\sqrt{\frac{\gamma_S}{\gamma_W}}-1<0 \qquad \text{式①}$$

$$\gamma_S<\frac{\gamma_W}{4} \qquad \text{式②}$$

となり、固体の表面張力が水の表面張力の４分の１より小さい時となります。表2-3、表2-4より水に対してこの条件に該当する固体はテフロンのみで、有機固体であってもほとんどは、凝集体内部へ水性ビヒクルが若干浸透することは期待できます。いずれにしてもθをできるだけ小さくして（ゼロが理想）、濡れを促進することが重要です。

機械的解砕過程に関しては、分散機や分散プロセスの基本的な部分では、有機溶剤系と大きな相違はありませんが、撹拌操作によって空気を巻き込み、表面張力が大きい水性ビヒクルでは、泡が消えにくいという問題があります。泡というとすぐに消泡剤と考えがちですが、分散終了後では効果があっても、分散

の最中に泡を発生させない消泡剤はありません。逆にあったとしても、そのような消泡剤は、塗布・塗工時にハジキなど深刻な悪影響を及ぼす可能性があります。密閉型の分散機を使用して、空気を巻き込みにくくする工夫も必要です。接液部の防錆対策は必要です。またビーズミルのビーズなど、ソーダガラスが材質のものを使用すると、ナトリウムイオンが溶出して分散安定性を阻害することがあります。イオン性物質の溶出の少ない材質を選択する必要があります。分散配合にポリオキシエチレン鎖を含む分散剤や界面活性剤が含まれている場合には、その曇点以上の温度にならないように、十分な冷却能力が必要です。

実用的な濃厚粒子分散液では、分散安定化は分散剤やバインダー樹脂などの高分子吸着で実現されます。吸着のドライビングフォースは粒子と高分子の疎水性相互作用が主となります。市販の水性系用分散剤も粒子へ吸着するアンカー部として疎水性官能基を持つものがほとんどです。金属や金属酸化物、粘土鉱物などの無機粒子は、表面張力が水よりも大きいので、濡れの過程には問題はないのですが、疎水性相互作用は逆に生じ難くなります。簡単に濡れるので、「無機粒子の分散は簡単だ」と言われますが、安定化は意外に難しいことがあります。さらに、疎水性相互作用は水が存在する時のみ生じるので、水が揮散すると吸着は維持されません。乾燥工程などで、乾燥後の不揮発分が軟らかく、粒子がその中で動ける時には、粒子が凝集したりフロキュレートを形成したりすることがあるので注意が必要です。市販の分散剤では、疎水性官能基で構成されるアンカー部に、さらに酸性や塩基性の官能基を加えて、水性ビヒクル中から乾燥膜（非水雰囲気）中まで継続して吸着が維持されるように工夫したものも存在します。

コロイド化学の教科書などでは、粒子周りに形成される電気二重層の重なり合いで生じる粒子間の斥力により、分散安定化を達成するという考え方があります。Q2-2-6で説明した通り、このメカニズムでは、原料由来の夾雑イオンの存在、高粒子濃度、異種電荷粒子の共存などの問題があって、ペーストやスラリーと呼ばれる実用的な高濃度粒子分散系での安定化の実現は困難な場合がほとんどです。

粒子の水濡れ性を定量化するには、表面張力を測定するしかないのですか？

A2-3-3

水性系での粒子分散で、濡れに留意するのは、Q2-3-1で説明したように、表面張力の低い有機固体粒子を分散する場合です。水に対する濡れ性が不良な粉体粒子について、不良さの順序を付ける手段として**図2-10**に示すアセトン滴定法を考案しました[1)]。

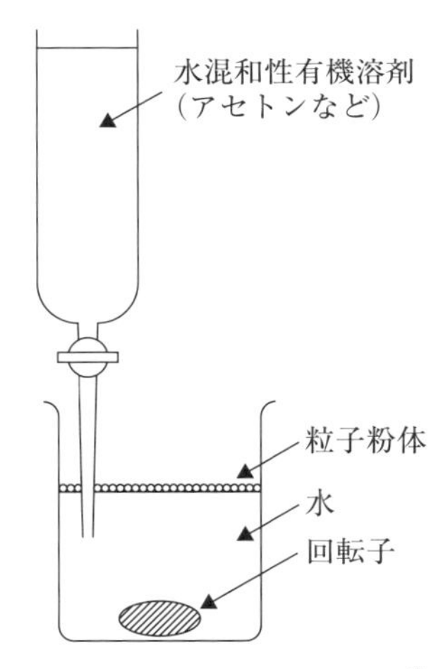

図2-10　アセトン滴定法[1)]

一定量（50 ml）の水をビーカーに入れ、少量の粉体粒子を加えると、有機固体粒子は濡れが不良なので水面に浮かびます。緩やかに撹拌しながら、ビュレットからアセトンなどの水混和性有機溶剤を徐々に加えると、ある時点で粒子が沈降を開始するので、その時までに加えたアセトンの量を記録します。

粒子が沈降した時の水とアセトンの体積比から、粒子が沈降した混合溶液の見かけの溶解性パラメーター（SP）値δmを、式①を用いて計算します。

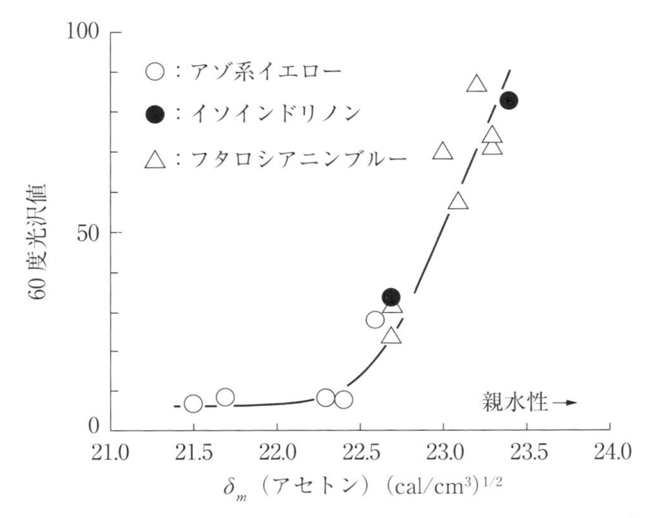

図 2-11　疎水性顔料の水濡れ性と水性塗料中での分散速度 [1)]

$$\delta_m = \sqrt{\phi_A \delta_A{}^2 + \phi_W \delta_W{}^2}$$ 式①

ϕ_A、ϕ_W（$\phi_A + \phi_W = 1$）は、それぞれ粒子が沈降した時のアセトンと水の体積分率、δ_AはアセトンのSP値9.8（cal/cm^3）$^{1/2}$、δ_Wは水のSP値23.5（cal/cm^3）$^{1/2}$です。δmが大きくてδ_Wに近い粒子ほど、より疎水性度が低く、水に対する濡れ難さは比較的ましと考えられます。

このアセトン滴定法を用いて、アゾ顔料、イソインドリノン、銅フタロシアニンの顔料群についてδmを測定し、ある水性塗料系で一定時間分散して得られた塗料の光沢値（塗布・乾燥させて測定）と比較しました（**図2-11**）。粒子径が小さくなるほど、塗膜表面は平滑になり、光沢値は高くなります。δmが大きくて、疎水性度の低い顔料ほど、高い光沢値が得られています。

すなわち、疎水性粒子の水性系での分散では、濡れの過程が律速段階であり、水濡れ性がましな粒子ほど分散速度は大きくなります。このように、実用の場面で水濡れ性の不良さを定量化するのにはδmが適用できます。

1)　小林敏勝，寺田剛，池田承治：J. Jpn. Soc. Colour Mater.（色材），62，p.524（1989）

Q 2-3-4

エマルション樹脂粒子では分散安定化に静電荷が有効らしいですが、固体粒子と状況が異なるのですか？

A2-3-4

エマルションは液/液分散系で、液状の粒子が分散しています。液体粒子間の引力は固体粒子間の引力よりも格段に小さいので、多くの場合、静電荷で分散安定化に十分な反発力が得られます。

Q2-2-2の表2-1に水中での粒子間のハマカー定数を示しましたが、表の下2列は溶剤と高分子です。これらのハマカー定数は固体粒子に比べて、1～2桁小さな値になっています。エマルションは水の中に、有機溶剤や液状の高分子が分散したものです。したがって、固／液分散系では液／液分散系に比べて、粒子径と粒子間距離が同じであれば、粒子間引力は少なくても10倍以上、大きい場合には100倍以上になります。このような、大きな引力が働くので、固／液分散系での分散安定化のためには、粒子間の反発力も大きくしておく必要があります。さらに、スラリーやペーストなど実用的な分散系では、粒子濃度が体積濃度で10%を超えることも珍しくありませんので、高分子を吸着させて安定化を図ることが主な手段となります。

一方、エマルションなどの液／液分散系では、粒子間引力は相対的に小さいので、粒子周りに形成される電気二重層の重なり合いで生じる斥力によっても安定化は可能です。

実際に、低分子のイオン性界面活性剤を用いた乳化重合によるエマルションの作成や、イオン性官能基を持つモノマーを配合する自己乳化型エマルションの作成が可能で、多数、市販されています。

一方、低分子のイオン性界面活性剤だけで分散安定化され、フロキュレートのない流動性の良好なスラリーやペーストの作成は困難です。

Q 2-3-5

濃厚な水性固／液分散系で良好な分散安定性を得るにはどうすればよいですか？

A2-3-5

高濃度に粒子を含有する実用的な固/液分散系では、水性系であっても、分散安定化に十分な粒子間の反発力を得るためには、高分子吸着によって分散安定化を図る必要があります。

固／液分散系では、液／液分散系に比べ、粒子間引力が大きいことはQ2-3-4で述べました。また、スラリーやペーストと呼ばれる実用的で濃厚な粒子分散系では、原材料に由来する夾雑イオンを多量に含む場合も少なくありません。「粒子の周りの電気二重層は薄く、隣の粒子はすぐ近傍にいて、強い力で引き合っている」という状態です。さらに、逆の電荷に帯電した複数種類の粒子が共存することも少なくありません。電気二重層の重なり合いで生じる斥力による分散安定化では不十分な場合がほとんどです。

水性系における高分子吸着のドライビングフォースは、粒子と高分子の疎水性相互作用です。長鎖アルキル基やフェニル基などの疎水性官能基を、粒子に吸着するアンカー部として持ち、イオン性や非イオン性の水和部を持つ高分子や分散剤を使用します（**図2-12**）。

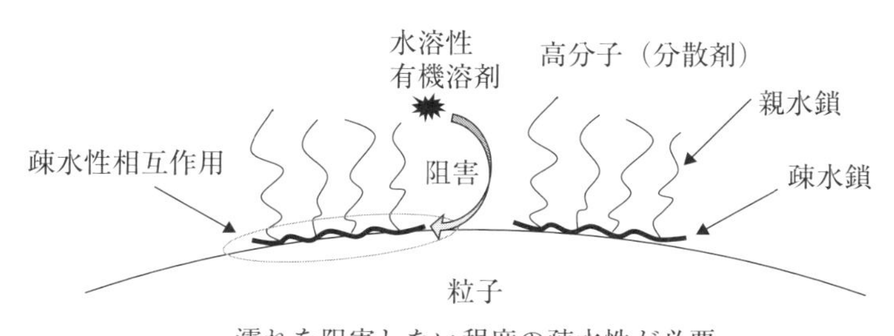

図 2-12　水性粒子分散液における分散安定化

粒子の表面には、水性ビヒクルに対する濡れを阻害しない程度に、高分子吸着の足場となる疎水性の部分が必要です。有機粒子は疎水性ですから、濡れさえすれば、高分子吸着は生じやすいのですが、親水性の無機粒子では、吸着の足場となる疎水性の部分が乏しいので、分散安定化に苦労する場合があります。

無機粒子に、濡れを阻害しない程度に有機物で被覆処理を行うと、分散安定性が改善することがあります。種々の表面処理方法がありますが、その詳細は他の書籍[1)]を参照下さい。著者は、酸化チタン顔料に有機物のプラズマ重合処理を施し、適度に疎水化することにより、水性塗料中での分散性が改善（分散度と流動性の向上）することを確認しています[2)]。ただし、過度な疎水化は濡れが阻害されて、逆に分散性が低下します。

疎水性相互作用はQ2-3-6で説明するように、水が存在する間のみ作用します。多くの場合、粒子分散液は最終製品ではなく、塗布や塗工の後に乾燥工程で水が蒸発するような使用をされます。水が蒸発した時に、バインダー成分が軟らかくて流動性があると、粒子同士の凝集を生じることがあります。水の蒸発後は、バインダー成分が高粘度（架橋を含む）になって粒子が動けないようにしておく必要があります。

水性の粒子分散液は水が溶剤の主成分ですが、バインダー樹脂の製造や疎水性物質の混合などの目的で、少量の水溶性有機溶剤が含まれることがあります。アルコールなど界面活性能の高い有機溶剤が共存する場合に、疎水性相互作用による高分子吸着が阻害され、分散安定性が低下しますので[3)]、使用はできるだけ少量にすべきです。

1)　小林敏勝，福井寛：「きちんと知りたい粒子表面と分散技術」，p.184，日刊工業新聞社（2014）
2)　T. Kobayashi, H. Kageyama, K. Kouguchi, S.Ikeda：J. Coating Tech., **64**(809)，p.41(1992)
3)　寺田剛，小林敏勝：J. Jpn.Soc.Colour Mater.（色材），**74**，p.472（2001）

Q 2-3-6

疎水性相互作用というのは、どのような相互作用ですか？

A2-3-6

水は液体状態でも分子同士の位置関係が比較的規則正しい構造をとっています。この構造と相容れない物質を排除しようとして、物質同士が寄り集まる（ように見える）現象が疎水性相互作用です。

水はQ2-3-1で説明したように、水分子同士が水素結合で強く引きあっている上に、液体状態であっても、1つの水分子が正四面体の中心に位置し、他の分子が4つの頂点を占めるという位置関係が連続した規則正しい構造を取っています（**図2-13**）。ただし液体状態ですので、それぞれの分子は熱運動で中心位置の回りを揺らいでいますし、温度が高くなるほど規則性は低下します[1)]。

このような構造中に、疎水性の物質が入ってくると、**図2-14**[2)] のように、その周りだけ正四面体が連続する構造を少し歪めて“かご”のようなスペースを作り、その中に疎水性物質を収納しようとします。これは疎水性水和と呼ばれます。

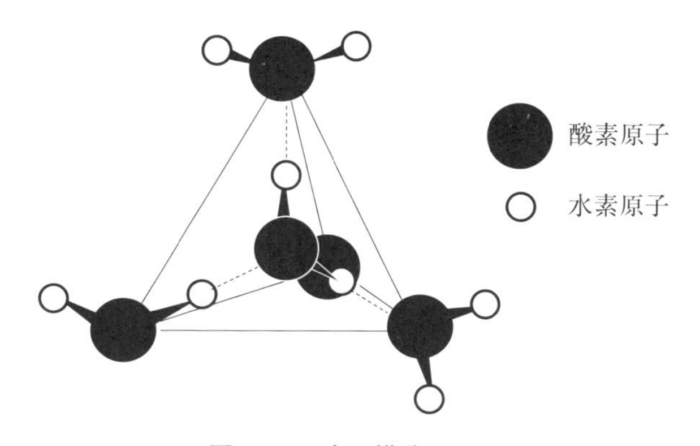

図 2-13　水の構造

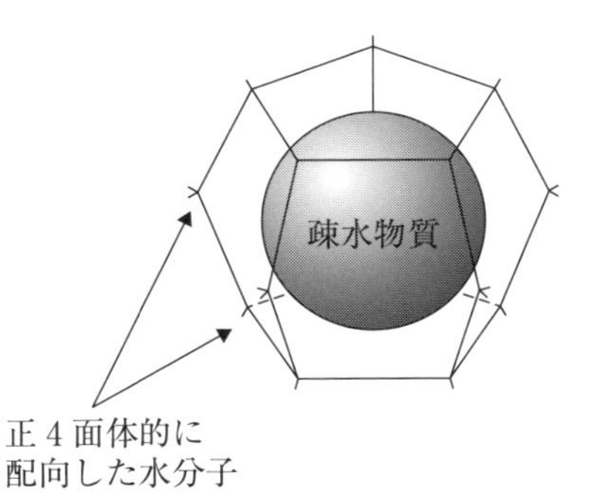

図 2-14　疎水性物質の周りに水分子で作られた包接「かご」[2)]

このような構造を取るためには、疎水性物質の周囲の水分子は、バルクの水分子よりもさらに規制された配列をする必要があるので、系全体としてはエントロピー（乱雑さ）が減少します。これは、自由エネルギー的に不利ですので、そのような箇所を少なくしようと、疎水性の物質を寄せ集め、1カ所に押し込もうとします。あたかも水中で疎水性物質同士が引き合っているように見えるので、これを疎水性相互作用と呼びます。

疎水性相互作用は、水がある限り極めて強い引力ですので、これを水性媒体中での高分子吸着のドライビングフォースとして利用します。ただし、酸塩基相互作用が基本的に酸点（酸性官能基）と塩基点（塩基性官能基）との間の1対1の相互作用であるのに対し、疎水性相互作用は疎水性の物質が寄り集まる一種の凝集力であることに注意が必要です。また、水が存在して初めて生じる引力であり、蒸発などで水がなくなれば消失してしまうことにも注意が必要です。

高分子の疎水性官能基としては、長鎖アルキル基、フェニル基やナフチル基、ピリジニウム基やイミダゾール基などの複素環式芳香族基などが該当します。

1）　田中肇：化学と工業，**74**［5］，348（2021）
2）　J. N. イスラエルアチヴィリ著，近藤保，大島広行訳：「分子間力と表面力」，p.102，マグロウヒル出版（1991）

Q 2-3-7

水性系での高分子吸着のドライビングフォースは疎水性相互作用だけですか？

A2-3-7

後述しますが、有機溶剤系では高分子は粒子に酸塩基相互作用で吸着します。水性系でも同様に、高分子の酸性や塩基性の官能基を粒子への吸着に利用することは可能です。ただし、水和部も必要なので、高分子は親水性度が高くなって粒子含有被膜の耐水性に注意が必要です。また、吸着力は有機溶剤系ほど強くありません。

酸性や塩基性の官能基は親水性の官能基で、水中では解離してイオンになっている場合もあります。高分子には水に溶解する部分（水和部）も必要で、この部分も親水性でなければならないので、非イオン性のポリオキシエチレン鎖やアンカーと同様のイオン性（酸性や塩基性）の官能基を多数含むことになり、非常に親水性度の大きい高分子になってしまいます。

ここで使用の可否判断が用途によって分かれます。

導電ペーストやセラミックスラリーなどで、最終的には有機物が焼成などで全て除去される場合、このような親水性度が非常に高い高分子でも、最終的になくなる訳ですから、基本的には制限なく、分散剤として用いることができます。実際にポリアクリル酸などが分散剤として使用されることがあります。

一方、塗料や高分子成形物などでは、高分子が塗膜中に残存し、特に粒子の周りが非常に親水性度の高い雰囲気となります。例えば塗料では、塗膜形成後の耐水性が必要ですが、上述のような塗膜ですと、水を吸って膨らんだり、基材界面に水が蓄積して剥離したりする可能性が高くなるので、このような親水性度の高い高分子の分散剤としての使用は危険です。

酸塩基相互作用をもう少し詳細に考えてみます。酸性の物質と塩基性の物質の間で、プロトンH^+が授受されるのが酸塩基反応です。その結果、酸性物質

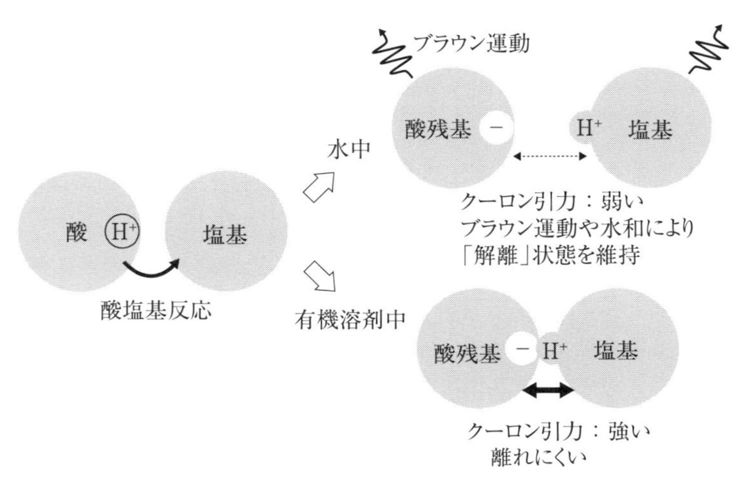

図2-15　水中と有機溶剤中での酸塩基相互作用

は負に、塩基性物質は正に帯電します。水中では、水分子との間でプロトンの授受が行われてイオンになるのですが、これは「水中で解離する」と表現されます。

距離r離れた2つの静電荷q_1とq_2の間に働く力Fは、次のクーロンの式で表されます。

$$F = \frac{1}{4\pi\varepsilon_0\varepsilon} \cdot \frac{q_1 q_2}{r^2} \qquad \text{式①}$$

式①の分母には、電荷の置かれている媒体の比誘電率εが含まれています。ε_0は真空中の誘電率です。水の比誘電率は約80、これに対して有機溶剤の比誘電率はトルエンが2.4、比較的大きなアセトンでも約21という値です。有機溶剤中で酸塩基相互作用により発生した正負の電荷の引き合う力（＝吸着力）は比較的大きいので、プロトンの授受と同時に、静電引力により酸性官能基と塩基性官能基の強固な対が形成され、吸着が完成します。一方、水中では有機溶剤系に比べ4分の1～40分の1程度の力でしか引き合わないので、イオンはブラウン運動や水和により解離状態を維持することが可能となります。つまり、吸着力は有機溶剤中ほど強くないということです（**図2-15**）。

Q 2-3-8

水性粒子分散液の製造で、原料粒子粉体の選択について、分散の視点からは、どのような点に留意すればよいですか？

A2-3-8

1次粒子径が目標とする分散粒子径と同等であること、水性ビヒクルに対する濡れがよいこと、高分子（分散剤）が疎水性相互作用により粒子表面に吸着して良好な分散安定化を確保できることが重要です。

1次粒子径が目的とする分散度（分散粒子径）と同等の粉体を選択し、1次粒子まで解凝集するのが、水性系、有機溶剤系を問わず理想です。

さらに水性系では、濡れのためには粒子表面は親水性で表面張力が大きいほうが望ましいのですが、あまり親水性すぎると、今度は疎水性相互作用による高分子吸着が阻害されます。結局、粒子の親水-疎水性度と分散性の関係を模式的に示すと、**図2-16**のようになり、濡れと分散安定化を両立する、ちょうど良い粒子の親水性度があります[1)]。著者はこれを最適親水性度と呼んでいま

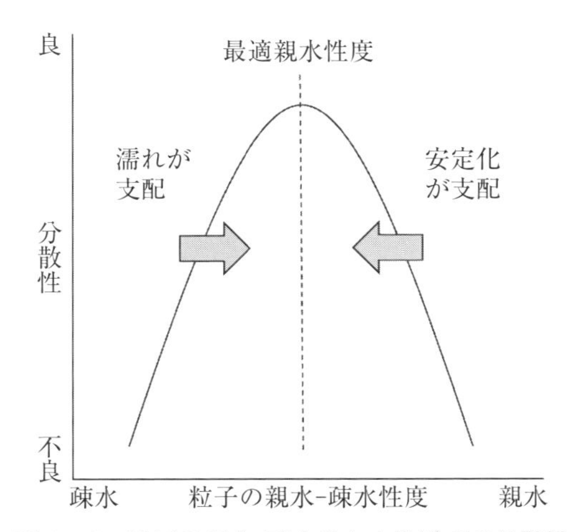

図 2-16　粒子の親水-疎水性と水性系での分散性

す。詳細に関しては、他の書籍[1)～3)]をご覧ください。

粒子の親水性度を水湿潤熱（Q2-3-9参照）で表した場合、最適親水性度は0.25 $J \cdot m^{-2}$程度になります。これ以下になると濡れの過程が分散進行を支配し、より親水性の粒子のほうが濡れは良いので分散性がよくなります。これ以上になると高分子吸着（疎水性相互作用）による分散安定化の過程が分散進行を支配するので、親水性になるほど、高分子が吸着しにくくなって分散が悪くなります。

残念ながら、ちょうど最適親水性度にある粒子というのは、あまり見当たらず、著者の経験では、ほとんどの有機粒子の親水性度は水湿潤熱で0.1 $J \cdot m^{-2}$以下。無機粒子は0.4 $J \cdot m^{-2}$以上を示します。したがって、有機粒子ではできるだけ親水性度の高いものを、無機粒子ではできるだけ親水性度の低いものを選択します。

また、分散剤やバインダー高分子にイオン性のものが含まれる場合、善し悪しは別にして、高分子との静電力が斥力なのか引力なのかは、知っておく必要があります。この意味で粒子の等電点（Q1-3-3参照）は知っておく必要があります。

水性系での分散では、ビヒクルに対して付着濡れとなる有機粒子が、濡れの過程に問題を生じます。濡れには、ビヒクルと粒子の接触角の他に、粒子凝集体の隙間の大きさが影響することをQ2-2-3で解説しました。コストや量産安定性の要求される工業製品では、同種の化学構造で親水性度や表面張力が大幅に異なる商品というのは、あまり存在しません。一方、製造工程により、粒子凝集体の隙間の大きさが異なる商品は、割に存在するようです。すなわち、液相中で製造される粒子の場合、粉体となって出荷されるまでに、ろ過、洗浄、乾燥などの工程を経ます。この際に、強く圧搾されたり、急激な加熱をされたりすると、粒子凝集体中の隙間は狭くなります。有機粒子の場合は付着濡れとなることが多いですから、この隙間が狭い粉体粒子の場合には、濡れが遅くなり、結果として分散が遅くなります。

つまり、水性系で有機粒子を分散する場合は**図2-17**の左側のように、密な凝集をしている粉体粒子を選ぶのではなく、右側のように広い隙間の空いている

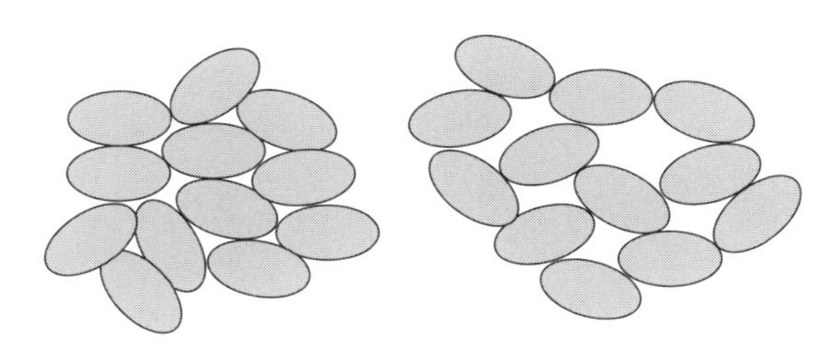

図 2-17　粒子凝集体（2 次粒子）中の隙間（左）狭い（右）広い

粉体粒子を選択すると、分散速度も早くなります。隙間の計測方法や、隙間の大きな粒子を選択するほど分散が早くなる実際のデータに関しては、他の書籍[4),5)]を参照ください。

有機溶剤系で使用していた粒子を、何らかの理由で水性系にも転用（共用）することがありますが、粒子に表面処理が施されている場合には注意が必要です。特に炭素系粒子や有機顔料のような非（低）極性粒子に、高分子（分散剤）の吸着足場（酸点や塩基点）を形成する目的で施された表面処理には、表面処理剤として酸性や塩基性で水溶性の物質が使用されていることがあります。この物質が水中に溶出することにより、系の pH 値が変動してイオン性バインダー樹脂や分散剤の溶解性が低下し、粒子凝集やゲル化などの問題を生じます。例えば、有機顔料の表面処理に用いられる顔料誘導体（Q2-4-6参照）や、カーボンブラックの酸化処理で生成する揮発分と呼ばれる低分子量物質には水溶性のものがあります。

1）小林敏勝，福井寛：「きちんと知りたい粒子表面と分散技術」，p.127，日刊工業新聞社（2014）
2）小林敏勝，景山洋行，池田承治：J. Jpn. Soc. Colour Mater.（色材），63，p.744（1990）
3）T. Kobayashi, H. Kageyama, K. Kouguchi, S. Ikeda：J. Coating Tech., 64（809），p.41（1992）
4）小林敏勝，福井寛：「きちんと知りたい粒子表面と分散技術」，p.121，日刊工業新聞社（2014）
5）国吉隆，小林敏勝：J. Jpn. Soc. Colour Mater.（色材），69，p.150（1996）

Q 2-3-9

粉体粒子の親水－疎水性度はどのようにして評価すればよいですか？

A2-3-9

水に対する濡れが悪い有機粒子はQ1-4-12で示した接触角の測定や、Q2-3-3のアセトン滴定法が利用できます。無機粒子については、本項で説明する水湿潤熱の測定が有効です。

水に対する接触角が小さいほど粒子は親水性です。また、Q1-4-13の表1-5で紹介した、粒子の表面張力を非極性項γ^dと極性項γ^pに分割して測定し、全表面張力（$\gamma=\gamma^d+\gamma^p$）に対する極性項の比率γ^p/γも親水性度と考えることもできます。

アセトン滴定法では、アセトンの滴下量が少ないほど親水性です。

ただし、上記の2つの方法は、いずれも表面張力の小さな、疎水性の粒子には適用可能ですが、金属粒子や金属酸化物粒子のように、表面張力が高くて親水性の粒子（水より表面張力が1桁も2桁も大きな場合も親水性と呼んでいいのか疑問ですが…）に対しては、適用が困難です。前者の方法では水に浮きませんし、後者の方法でも、一般的な液体に対しては拡張濡れとなって、接触角が測定できません。水銀のような高表面張力の液体を用いれば、かなり測定可能な範囲は広がりますが、有害蒸気が発生するので、使用が困難です。

このような場合に著者が採用したのは、水湿潤熱の測定です。粉体をガラスアンプルに入れ、10^{-4}Torr（10^{-2}Pa）まで脱気して、アンプルを熔封します。このアンプルを水中で破壊して、粉体が水に濡れた時に発生する熱量を、粉体単位表面積当たりの値にしたのが水湿潤熱で、単位は$J\cdot m^{-2}$です。大きな湿潤熱が出るほど粒子は親水性と考えられます。測定の詳細については原報[1]を参照ください。

1）　小林敏勝，寺田剛，池田承治：J. Jpn. Soc. Colour Mater.（色材），62，p.744（1989）

Q 2-3-10

疎水性（低極性）の粉体を分散する場合、濡れが重要だということですが、どのようにすれば濡れが改善できますか？

A2-3-10

まず、密な凝集をしている粉体粒子を選ぶのではなく、広い隙間の開いている粉体粒子を選択するのはQ2-3-8で述べたとおりです。また、水性ビヒクルとの接触角を小さくするために、表面処理で粒子の表面張力を大きくするか、界面活性剤等の添加で水性ビヒクルの表面張力を小さくします。

水性ビヒクルと粒子表面の接触角 θ は、基本的にQ1-4-9の式⑤となりますから、$\cos\theta$ を大きくするには粒子の表面張力 γ_S を大きくするか、水性ビヒクルの表面張力 γ_L を小さくしなければなりません。

粒子の表面張力を大きくするためには、表面処理を適用します。高極性官能基の粒子表面への植え付け、親水性高分子による被覆処理やグラフト化、金属酸化物などの無機固体による被覆処理などが有望と考えられますが、粒子の表面状態、許容コストなどによって最適な方法を選択する必要があります。詳細は他の書籍[1]を参照ください。著者は、有機顔料に対する低温プラズマ処理で、水性塗料中での分散性に効果があることを確認しています[2]。

水性ビヒクルの表面張力を低下させるには、界面活性剤や有機溶剤を添加します。有機溶剤の添加は濡れの改善には有効ですが、Q2-3-5でも触れたように、疎水性相互作用による高分子吸着を阻害するので、有機溶剤の種類や添加量は慎重に決定しなければなりません。

1)　小林敏勝，福井寛：「きちんと知りたい粒子表面と分散技術」，第 4 章，日刊工業新聞社（2014）
2)　小林敏勝，景山洋行，池田承治：J. Jpn. Soc. Colour Mater.（色材），63，p.744（1990）

Q 2-3-11

水性系用の分散剤にはどのようなものがあって、どのように使うのですか？

A2-3-11

低分子分散剤（界面活性剤とも呼ばれる）と、高分子分散剤があります。前者は分子量が500程度以下で、もっぱら水性ビヒクルの表面張力を低下させて濡れを改善します。後者は分子量が2,000～数万で粒子に吸着して分散安定性を付与します。

界面活性剤を水性ビヒクルに少量添加することで、表面張力が低下し、疎水性粒子に対する濡れが改善されます。界面活性剤の詳細についてはQ2-5-3を参照ください。

Q2-3-4で述べたように固体粒子間の引力は大きいので、界面活性剤の吸着だけでは、濃厚な粒子分散液における分散安定化は困難で、高分子分散剤の利用が必要となります。高分子分散剤も親水部の構造によって、アニオン系、カチオン系、非イオン系のものに分類されます。粒子表面に吸着するアンカー部としては、フェニル基や長鎖アルキル基などの疎水性官能基を持つものが多いですが、ポリアクリル酸のような静電引力で粒子に吸着するものも存在します。分散剤の詳細については、第2章2.5節を参照ください。

適切な比率の親水性モノマーと疎水性モノマーで構成された水性バインダー樹脂も、分散安定化作用があります。ただし、エマルションやディスパージョンは高分子が溶解していないので粒子の分散安定化作用はありません。高分子が溶解して、溶液は透明であることが必要です。また、親水性モノマーがイオン性で、粒子が高分子の電荷と逆符号に帯電している場合にも注意が必要です。高分子は、水中では**図2-18**に示すように疎水性部分を内側に、イオン性親水性部を外側に向けて、コイル状になって存在します。親水性部の量が多いほど、高分子の水和安定性は良好です。図2-18上部のように高分子の親水性部

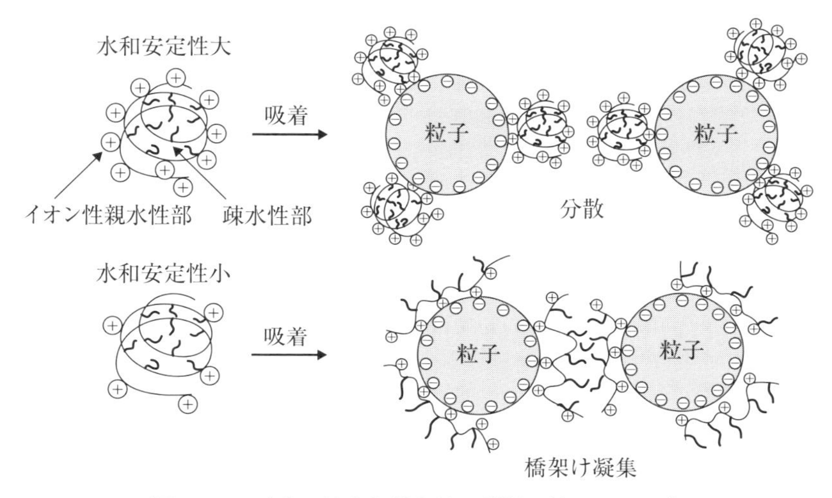

図 2-18　イオン性水和部を持つ樹脂の粒子への吸着

が多い場合には、親水性部の一部が粒子との静電引力で吸着に消費されても、高分子の水和は維持されますので、粒子の分散安定化につながります。一方、塗料のように被膜形成後の耐水性が必要な場合、親水性部の量は高分子の水和安定化に最小限必要な量に抑えられています。その親水性部が粒子への吸着に消費されてしまうと、図2-18下部のように内側の疎水性部が水中に露出し、露出した部分同士が疎水性相互作用をして、結果的に粒子の凝集を生じることになります。Q2-3-7で酸塩基相互作用による高分子吸着は水性系でも適用可能であるとしていますが、このような点にも注意が必要です。

カルボキシメチルセルロースやヒドロキシエチルセルロースなどの繊維素由来高分子は、剛直な分子が網目状の会合体を形成し、水溶液は低濃度でも大きな構造粘性を示します。このため、金属やセラミックスなどの大比重・大粒子径粒子のスラリーやペーストに添加することで、粘度効果により沈降が防止できるので「分散剤」と言われることがありますが、粒子表面に吸着して凝集が防止される本来の分散安定化ではないことに注意が必要です。

第 2.4 節　有機溶剤系での粒子分散

Q 2-4-1

有機溶剤系における粒子分散では、粒子分散の単位過程について、それぞれどのように考えればよいでしょうか？

A2-4-1

一般論としてですが、分散安定化のみに留意し、機械的解砕と濡れに関しては、特別な配慮は不要です。

一般的な有機溶剤の表面張力は、有機、無機を問わず、ほとんどの粉体粒子の表面張力よりも小さいので、有機溶剤系ビヒクルの粒子に対する濡れは拡張濡れとなります（Q2-3-1参照）。このため、濡れの過程に対しては特別な配慮は不要です。塩素系有機溶剤のように表面張力の大きな溶剤を使う場合や、テフロンパウダーのような表面張力の小さな粒子を分散する場合には、濡れの対策が必要です。

機械的解砕の過程についても、有機溶剤系特有の注意事項は、基本的にありません。溶剤の中には毒性のあるものもありますので、換気をよくする、保護具を付けることは必要ですし、装置は防爆仕様にしておかなければなりません。

分散安定化の過程が、有機溶剤系での粒子分散では重要となります。有機溶剤系での分散安定化は、粒子との酸塩基相互作用による高分子（分散剤）の吸着により達成されます。酸塩基相互作用は、図2-15で説明したように、水性系と異なり有機溶剤中では非常に強く作用します。

また、Q1-4-1で図1-13を用いて、溶剤と分散剤との親和性については、「高からず、低からず、程々に」と説明しました。具体的には、溶剤や分散剤、高分子の溶解性パラメーターを求め、それらの値ができるだけ近くなるように組み合わせます。溶解性パラメーターについては、第1章1.4節を参照してください。

Q 2-4-2

粒子分散に関係する酸と塩基は、どのようなものですか？

A2-4-2

プロトン（H^+）の授受で定義されるブレンステッド-ローリーの酸塩基が粒子分散では重要です。また、ルイスの酸塩基も影響します。

酸と塩基の定義には次の3つがあり、③は②を含み、②は①を含みます。

①アレニウスの定義；水に溶けて水素イオン（H^+）を放出する物質が酸で、水酸化物イオン（OH^-）を放出する物質が塩基

②ブレンステッド-ローリーの定義；H^+を与える物質が酸で、H^+を受け取る物質が塩基（以下B 酸塩基）

③ルイスの定義；電子対の授受で定義され、電子対を受容する物質が酸で、電子対を供与する物質が塩基（以下L 酸塩基）

①の「水に溶けて」は有機溶剤系では必然性がありません。有機溶剤系用の分散剤によく使用される酸性の官能基には、カルボキシル基、スルフォン酸基、リン酸基などがあり、塩基性官能基には1級～3級アミノ基、4級アンモニウム基、ピリジニウム基、イミダゾール基などがあります。これらは、上記の定義では②になります。

それでは、これらのB酸塩基を持たない高分子には分散安定化作用が無いかというと、そうではありません。例えば、酸価やアミン価を全く持たない塗料用樹脂がありますが、溶剤だけで顔料を分散するよりも、そのような樹脂溶液中で分散するほうが、はるかに良好な分散性を示します。それはB酸塩基がなくてもL酸塩基相互作用が生じるからです。

表2-6に、Gutmannによる種々の溶剤のL塩基性度DNを示します[1)]。DNは（electron）Donicityの意味で、電子供与性を示します。具体的には、基準のL酸として塩化アンチモンを使用し、塩化アンチモンと各有機溶剤（L塩基）

表 2-6　Gutmannによる各種溶剤の電子供与性DN（原報[1]より抜粋）

溶剤名	DN（kcal/mol）
ベンゼン	0.1
ニトロメタン	2.7
無水酢酸	10.5
アセトニトリル	14.1
ジオキサン	14.8
アセトン	17.0
酢酸エチル	17.1
水	18.0
ジエチルエーテル	19.2
テトラヒドロフラン	20.0
リン酸トリブチル	23.7
ジメチルホルムアミド	26.6
N-メチルピロリドン	27.3
ジメチルスルホキシド	29.8
ピリジン	33.1
エチルアミン	55.5
アンモニア	59.0
トリエチルアミン	61.0

の酸塩基反応に伴う反応熱です。DNの大きな溶剤ほどL塩基性度が高いと考えられます。表2-6から、エーテル基を持つジエチルエーテルやテトラヒドロフラン、カルボニル基を持つアセトンや酢酸エチル（エステル）は、B塩基である脂肪族アミンや芳香族アミンに比べると弱いですが、ベンゼンのような非極性溶剤に比べると、強いL塩基性を示しています。L塩基性に関与するのは酸素原子の孤立電子対です。したがって、エーテル基やカルボニル基を持つ高分子はL塩基性として作用します。

Q1-3-3で水中の金属や金属酸化物の電荷が懸濁液のpHによって変化することを説明しました。このメカニズムは、懸濁液と粒子表面との間で水素イオンの授受で生じるのですが、有機溶剤中でも粒子は帯電し、**図2-19**[2]に示すように電荷の符号と大きさは懸濁させる有機溶剤のDNによって変化します。

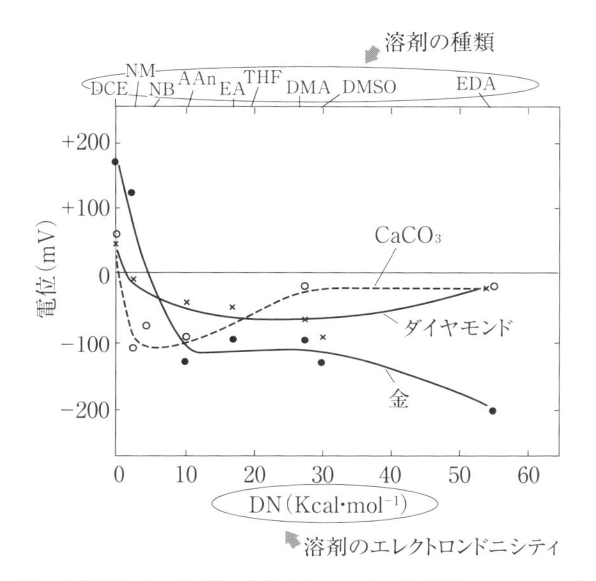

図 2-19　粒子の帯電（ζ 電位）と溶剤のルイス塩基性度（DN）との関係[2]
（DCE；ジクロルエタン、NM；ニトロメタン、NB；ニトロベンゼン、AAn；無水酢酸、EA；酢酸エチル、THF；テトラヒドロフラン、DMSO；ジメチルスルホキシド、EDA；エチレンジアミン）

図2-19では炭酸カルシウム、金、ダイヤモンドの粒子の電荷と、懸濁させる有機溶剤のDN値との関係が示されていますが、図1-11と同様に、懸濁液の塩基性度が大きくなるにつれて、正帯電から電荷が減少し、等電点と同様に電荷ゼロを示したあと、負帯電となっています。これは、溶剤と粒子との電子の授受（L酸塩基相互作用）で粒子が帯電し、DNが大きいほど電子許与性が大きいためと考えられます。すなわち、有機溶剤系でも粒子は帯電し、溶剤の種類によって電荷が異なるということです。

表2-7にGutmannによる種々の溶剤のL酸性度ANを示します[1]。ANは(electron) Accepter Numberの略で、電子受容性を示します。ANの決定法については原報を参照してください。

イソプロピルアルコールやメチルアルコールなどのアルコール類のAN値が大きく、水酸基がルイス酸として作用することが理解できます。また、ジクロ

表 2-7　Gutmann による各種溶剤の[31] 電子受容性 AN（原報[1]より抜粋）

溶剤名	AN
ヘキサン	0
ジエチルエーテル	3.9
テトラヒドロフラン	8.0
ベンゼン	8.2
四塩化炭素	8.6
アセトン	12.5
N-メチルピロリドン	13.3
ピリジン	14.2
ジメチルスルホキシド	19.3
ジクロルメタン	20.4
ニトロメタン	20.5
クロロホルム	23.1
イソプロピルアルコール	33.5
メチルアルコール	41.3
酢酸	52.9
水	54.8
トリフルオロ酢酸	105.3
メタンスルホン酸	126.3
塩化アンチモン（基準）	100

ルメタンやクロロホルムなども比較的大きなANを示しており、ハロゲン原子が隣接しているC–H結合（ハロゲン原子が電子を引張って、電子不足であり、電子を受容しやすい）もL酸として作用すると考えられます。

したがって、これらの官能基を持つ高分子は、L酸として作用します。

B酸塩基相互作用もL酸塩基相互作用も結果的に静電荷が生じるのですが、図2-15で示したように、一般的な有機溶剤の誘電率が小さいために、水中のように解離することはなく、強い静電引力で引き合います。これが、有機溶剤中での高分子吸着の原動力です。

1）V. Gutmann：Coordination Chem. Rev., 18, p.225（1976）
2）M.E.Labib, R.Williams, J. Coll. Interface Sci., 97, 356（1984）

Q 2-4-3

ルイスの酸塩基相互作用もブレンステッドの酸塩基相互作用と同等に、粒子への高分子吸着に有効なのですか？

A2-4-3

著者は塗料用樹脂を想定したモデル樹脂を合成し、顔料に対する吸脱着に伴う熱挙動を流動式微小熱測定という測定法で検討したことがあります。結果として、以下のことが分かりました。

①ルイスの酸塩基相互作用でも吸着熱が発生し、高分子吸着に寄与するが、溶剤による希釈で容易に脱着してしまう。

②ブレンステッドの酸塩基相互作用では溶剤による希釈でも脱着しない不可逆的な吸着が生じる。

したがって、溶剤だけで分散するよりは、ルイスの酸塩基しか持たない高分子でも、遥かに良好な分散安定性は得られますが、溶剤による希釈等の操作に対する安定性を考慮すると、ブレンステッドの酸塩基相互作用が重要です。

上記の結論に達した実験は、内容がかなり膨大ですので、興味のある方は原報[1～3]をご参照ください。

塗料における顔料分散では、酸価やアミン価を全く持たないバインダー樹脂でも、溶剤だけで分散するよりも、そのような樹脂溶液（ビヒクル）中で分散するほうがはるかに良好な分散安定性を示します。ただし、希釈に伴う顔料凝集や、他の粒子分散液との混合時に異種粒子間の共凝集が生じやすい傾向にあります。

1)　小林敏勝，池田承司：日本化学会誌、1992，(7)，p771
2)　国吉隆，小林敏勝：J. Jpn. Soc. Colour Mater.（色材），**67**，p.547（1994）
3)　小林敏勝，国吉隆，景山洋行：J. Jpn. Soc. Colour Mater.（色材），**70**，p.11（1997）

分散剤やバインダー樹脂の酸塩基性を評価するには、どのような方法がありますか？

A2-4-4

実用的な分散安定化に寄与するのは、ブレンステッドの酸や塩基（B酸、B塩基）であることはQ2-4-3で説明しました。酸価[1]やアミン価[2]をJISに従って計測すればB酸、B塩基の量は評価できます。酸価があれば酸性、アミン価があれば塩基性、両方あれば両性です。また非水電位差滴定法を用いて計測することができます。

市販の分散剤には酸価とアミン価の両方を持っているものがあるのですが、これは高分子が両性というよりは、酸性もしくは塩基性の高分子を、低分子のアミンや酸で中和した中和塩型がほとんどです。粒子に対する吸着安定化だけであれば、このような中和塩型は不要なのですが、一部の塗料やインキへ適用する際に必要となります。すなわち、塗料やインキの反応硬化型のバインダーシステムは、系中の酸や塩基の存在によって、硬化反応が阻害されたり、異常に促進されたりすることがあります。このような硬化系に、粒子分散液に配合されている酸性や塩基性の分散剤が混じると、その影響で硬化が阻害されたり、硬化が促進されて可使時間（主剤と硬化剤からなる2液型で、混合後流動性がなくなって使用できなくなるまでの時間）が短くなったりするためです。このような分散剤の場合、酸価とアミン価の両方がありますが、酸と塩基のどちらが分散剤のアンカーとして作用するかは、分かりません。

非水電位差滴定法によって、樹脂や分散剤のB酸、B塩基の量が測定できます[3]。著者らは溶剤としてメチルイソブチルケトン（MIBK）を用いました。測定にはガラス電極を用い、参照電極として銀–塩化銀電極を用います。また、滴定試薬には、過塩素酸および水酸化テトラブチルアンモニウムのMIBK溶液を用います。

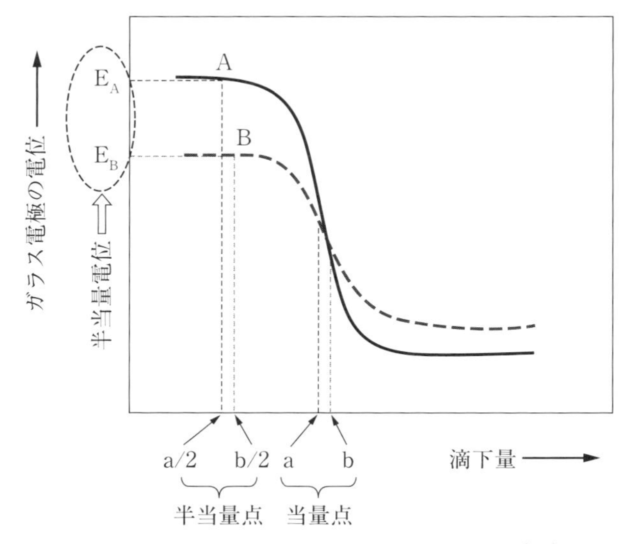

図 2-20　非水電位差滴定曲線と半当量電位[3)、4)]

樹脂や分散剤をMIBKに溶解し、滴定試薬を滴下すると、滴下試薬量vs電極電位曲線は**図2-20**のようになります。この変曲点（当量点）からB酸、B塩基量が求まるのですが、さらに、当量点の半分の量の試薬が滴下された点の電位（半当量点電位）から、樹脂の酸強度や塩基強度に関する情報も得ることができ、半当量点電位が高いほど、酸は強酸、塩基は弱塩基です。図2-20は2種の樹脂A、Bの酸を滴定した際の滴定曲線です。滴下量a、bから酸量が決まり、滴下量がa/2、b/2での電位（半当量点電位）E_A、E_Bは、$E_A > E_B$ですのでAの酸はBの酸より高強度ということになります。塩基についても同様に評価できます。詳細は原報[3)]もしくは他の書籍[4)]を参照ください。

1)　JIS 0070-1992
2)　JIS 7237-1995
3)　小林敏勝，筒井晃一，池田承治：J. Jpn. Soc. Colour Mater.（色材），61，p.692（1988）
4)　小林敏勝，福井寛：「きちんと知りたい粒子表面と分散技術」，p.103，日刊工業新聞社（2014）

Q 2-4-5

粒子の酸塩基性を評価するにはどのような方法がありますか？

A2-4-5

Q2-4-4で説明した非水電位差滴定法により測定することができます。また、等電点や等酸点も酸塩基性の目安となります。

非水電位差滴定法では、高分子の場合と同様に、粒子を溶剤（MIBK）に懸濁させて測定することも可能ですが、電位が安定しにくく測定に長時間要することが多いので、逆滴定法を用います。逆滴定法とは、濃度既知の酸や塩基の溶液中に粒子を懸濁させ、一定時間経過後に粒子を濾過等の方法で取り除いて、溶液中に残存している酸、塩基の量を滴定により計測する方法です。減少した酸（塩基）の量を粒子の塩基（酸）量とします。測定法の詳細は原報[1)～3)]もしくは他の書籍[4)]を参照ください。**図2-21**[1)]に塗料用顔料の酸量と塩基量の測定例を示します。図2-21でカーボンブラックCは酸量が圧倒的に多いので酸性、銅フタロシアニンブルーAは塩基しか測定されないので塩基性、黄鉛は両方とも測定されたので両性と考えられます。実際に、カーボンブラックCには塩基性分散剤、銅フタロシアニンブルーAには酸性分散剤が分散安定化効果を発揮します。

また、Q2-4-4の半等量電位のように酸や塩基の強度を直接測定することはできませんが、逆滴定法でも最初に粒子を懸濁させる酸や塩基の溶液で、強度の異なる酸や塩基を複数種類用いると、粒子の酸量や塩基量を強度別に測定することが可能です[2, 3)]。

すなわち、粒子表面の酸点や塩基点の強度は均一とは限らず、強度の異なるものが複数種類存在することもあります。強度の強い酸（塩基）は弱い酸（塩基）とも相互作用しますが、弱い酸（塩基）は強い酸（塩基）としか相互作用できません。最初に懸濁させる溶液の酸（塩基）強度が強い時には、粒子表面

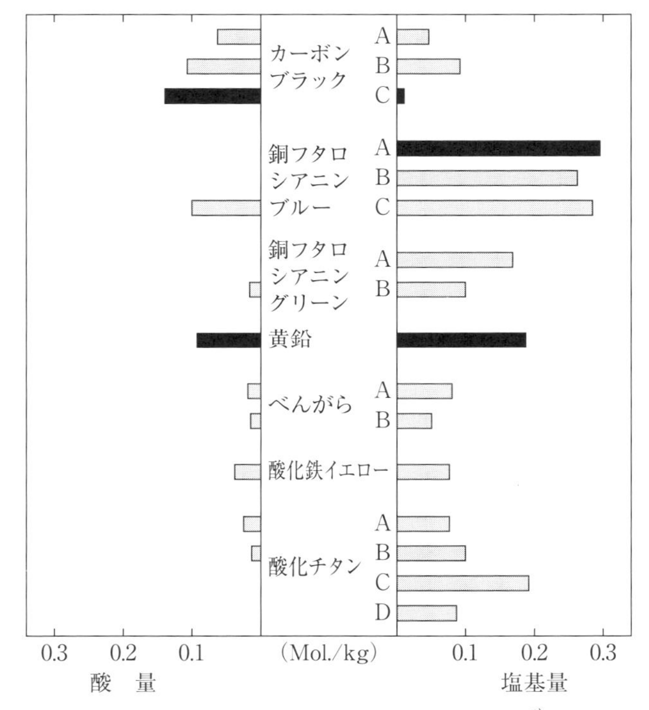

図 2-21　塗料用顔料の酸・塩基量測定例[1)]

の大部分の塩基量が計測されますが、弱い時には強い塩基の量しか計測されません。

粒子が金属酸化物や金属であれば、Q1-3-3で示した等電点が参考になります。金属粒子は表面が酸化されて金属酸化物になっていると考えます。等電点が7より小さければ酸性、大きければ塩基性、7付近は両性です。表1-2に示した金属酸化物では、WO_3やSiO_2は酸性、NiOやα-Al_2O_3、α-Fe_2O_3は塩基性、SnO_2やTiO_2は両性と考えられます。

等酸点も意味合いは等電点とよく似ていますが、粒子の電荷を測定する必要がなく、手間は掛かかるものの安価な器具で測定ができます。基本的なスキームは**図2-22**に示した通りです。まず、支持電解質として1Mの硝酸カリウム（KNO_3）を含む水溶液に、0.1Nの硝酸（HNO_3）を0.1ml添加し、これに0.1規

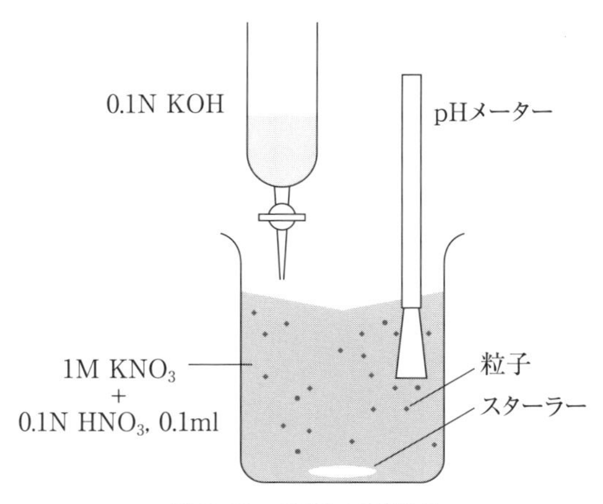

図 2-22　等酸点の測定

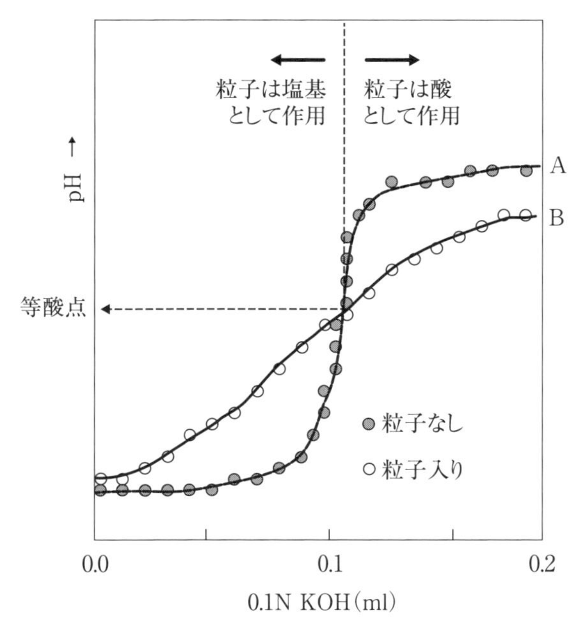

図 2-23　等酸点の決定

定の水酸化カリウム（KOH）を徐々に加えながらpH値を測定すると、**図2-23**にグレーの丸で示したような滴定曲線（A）が得られます。次に、少量の粒子を1M硝酸カリウム水溶液に加えて懸濁させ、同様に滴定すると、図2-23に白丸で示したような滴定曲線（B）が得られます。

2つの滴定曲線が交わった点が等酸点と呼ばれ、等酸点のpH値が酸塩基性度の指標となります。等酸点より左側では、粒子が存在しなかった場合に本来示すべきpH値を粒子が高pH側へ押し上げているので、粒子は塩基として作用しています。一方、等酸点より右側ではその逆であるので粒子は酸として作用しています。等酸点では粒子は酸としても塩基としても作用していないので、その状態でのpH値（水素イオン濃度）が顔料の酸塩基性度と等しく、等酸点でのpH値が7よりも低ければ（水よりも）酸性、高ければ塩基性ということになります。

等酸点を測定する際には、滴定系に添加する粒子の量を、2水準以上変えて測定し、粒子が存在しない場合の滴定曲線Aとの交点の位置が変化しないことを確認します。粒子が増えるほど一方向にシフトする場合には、粒子から酸性や塩基性の物質が水中に溶出しており、これらの物質の有機溶剤中への溶解性の確認が必要です。溶解しなければ高分子吸着の足場として作用すると考えられますが、有機溶剤中にも溶出するようであれば、その効果は期待できません。

触媒活性につながるような強い酸・塩基の場合には、指示薬法、ガスクロマトグラフィー法、昇温脱離法、赤外分光法、指示反応法などの適用により評価できることが示されています[5)]。

1)　小林敏勝，筒井晃一，池田承治：J. Jpn. Soc. Colour Mater.（色材），61，p.692（1988）
2)　小林敏勝，池田承治：日本化学会誌，1993（2），p.145
3)　国吉隆，小林敏勝：J. Jpn. Soc. Colour Mater.（色材），67，p.547（1994）
4)　小林敏勝，福井寛：「きちんと知りたい粒子表面と分散技術」，p.103，日刊工業新聞社（2014）
5)　小林敏勝，福井寛：「きちんと知りたい粒子表面と分散技術」，p.64，日刊工業新聞社（2014）

Q 2-4-6

表面に酸も塩基もない中性粒子の場合には、どうすればよいですか？

A2-4-6

高分子吸着の足場がないのですから、表面処理により形成するしか解決法はありません。

粒子表面に酸や塩基を形成する表面処理には種々の方法が提案されています。詳細は他の書籍[1]を参照してください。

有機顔料や炭素系粒子（カーボンブラック、カーボンナノチューブなど）の表面処理に実用化されている手法として、顔料誘導体処理が知られています。顔料誘導体はシナージスト（Synergist）と呼ばれる場合もあります。一例として、ジメチルアミノエチルキナクリドン（DMAEQR）の化学構造式を**図2-24**に示します。キナクリドンは代表的な赤色顔料で、図2-24に破線で囲った色素構造部分が結晶を構成して粒子を形成しています。**図2-25**のDMAEQRはキナクリドンの色素構造に塩基性のジメチルアミノエチル基が置換基として導入されており、このような顔料の色素構造に置換基を導入したものを顔料誘導体と呼びます。

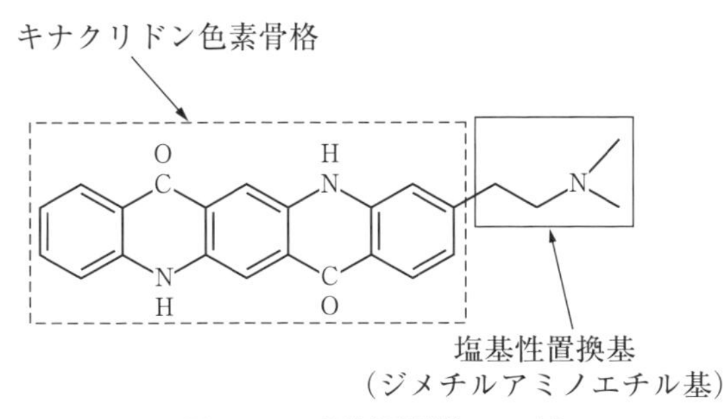

図 2-24　顔料誘導体の一例

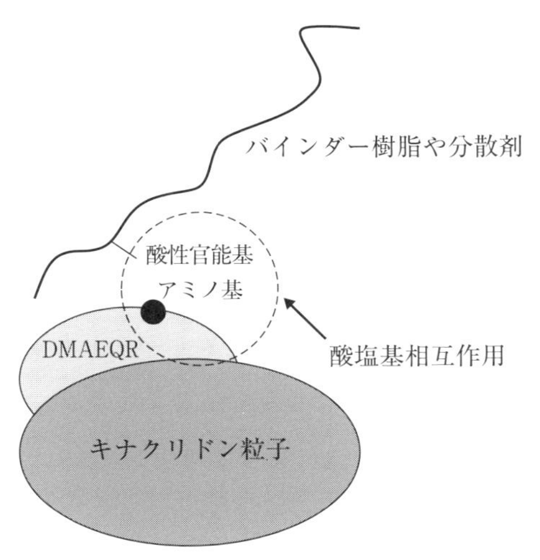

図 2-25　有機溶剤系での粒子分散における顔料誘導体の作用機構

キナクリドン顔料に、DMAEQRを少量（数パーセント）混合すると、図2-25のように、顔料粒子の表面へπ-πスタッキング（色素構造のπ電子軌道同士の重なり合い）により吸着します。吸着の結果、粒子表面には新しく塩基性の官能基（ジメチルアミノエチル基）が存在するので、酸性のバインダー樹脂や分散剤が、酸塩基相互作用で吸着して、分散安定化が図られます。塩基性もしくは酸性の置換基を持った多種類の顔料誘導体が知られており、一部は分散助剤として市販もされています。

π-πスタッキングはπ電子軌道同士の重なり合いなので、π電子軌道を持つ粒子であれば、色素骨格の化学構造が同一でなくても作用します。例えば、炭素系粒子の基本的な化学構造は、ベンゼン環が多数連なったグラファイト構造ですので、表面にはπ電子軌道が広がっており、フタロシアニンブルーを色素構造部分とする顔料誘導体などが分散助剤として提案されています[2,3]。

1）小林敏勝，福井寛：「きちんと知りたい粒子表面と分散技術」，p.170，日刊工業新聞社（2014）
2）トヨタ自動車㈱、特開 2013-89485
3）東洋インキ製造㈱、特開 2005-1652578

Q 2-4-7

溶剤の選択では、どのような点に注意が必要でしょうか？

A2-4-7

Q1-4-1で説明した通り、高分子（分散剤やバインダー樹脂）に対する親和性は、「高すぎず、低すぎず、程々に」です。溶解性パラメーター（SP）値を近くすることで、この条件を満足できます。また、表面張力が粒子より低いと拡張濡れとなって良好な濡れが実現できるのですが、一般的な有機溶剤は、有機・無機を問わず、ほとんどの固体粒子に対してこの条件を満足しているので、濡れに対する注意は不要です。

実際の配合では、単一種類ではなく複数種類の溶剤を混合して使用されることが多いのですが、粒子分散液の状態から乾燥状態に至るまで上記の状態が維持されるように、それぞれの溶剤の蒸発速度にも留意が必要です。

市販のバインダー樹脂溶液では、バインダーとSP値の近い溶剤が用いられていない場合があります。例えばポリフッ化ビニリデン（PVDF）はジメチルホルムアミドやN-メチルピロリドンのような溶剤に溶解されていますが、これらの溶剤はQ2-4-2の表2-6から、かなりルイス塩基性度の高い溶剤であることが理解できます。これは、PVDFの結晶性が高く、SP値が近いだけの溶剤（溶解の$\Delta H>0$）では溶解しないので、PVDF（ルイス酸）と酸塩基相互作用（溶解の$\Delta H<0$）を生じる溶剤を採用しているためです。

このような、酸性や塩基性の強い溶剤を用いると、粒子や分散剤に対しても酸塩基相互作用を生じて、結果的に粒子に対する分散剤の吸着を阻害することがあるので、採用には注意が必要です。

第2.5節　分散剤

Q 2-5-1

分散剤とはどのようなものですか？

A2-5-1

粒子を溶剤だけで分散すると分散液（スラリー）は、多くの場合、流動性が悪くてバサバサ、ボテボテとした状態であったり、大きな粒子凝集体が残っていてすぐ沈降してしまったり、というように粒子の分散が著しく不良な状態でしょう。この状態から、添加することにより、その粒子分散液の使用者が「望ましい」粒子分散状態にしてくれるもの、もしくは近づけてくれるものは全て「分散剤」と呼ばれますが、本来は粒子分散の単位過程である濡れと分散安定化を改善するものを「分散剤」と呼びます。

例えば、カルボキシエチルセルロース（CMC）やヒドロキシエチルセルロース（HEC）のようなセルロース系高分子は溶剤中で剛直な直鎖状高分子が相互作用して網目構造を形成するので、少量の添加でビヒクルの粘度を大幅に増加させます。その結果、大きくて重い粒子でも沈降が抑制されるので、上記の考え方では「分散剤」です。ただし、粒子表面への吸着など直接的に粒子に働きかけて分散（安定化）している訳ではありません。このような高分子は、増粘剤とか沈降防止剤と呼ぶことが多く、分散剤とは区別します。

一方、溶剤で濡れただけの不安定な粒子表面に、粒子表面と溶剤の中間的な性質を持つ物質（正確には、粒子表面に馴染む部分と溶剤に馴染む部分から構成されている物質）が吸着すると、粒子／溶剤界面の界面張力が低下し、不安定さが低減されます。このような物質を界面活性物質と呼びます。界面張力が低下すると、溶剤中での粒子間引力が軽減されて、上記のバサバサ、ボテボテとした状態が、滑らかなクリーム状になったり、粗大な凝集体がなくなって沈降時間が長くなったりします。さらに、界面活性物質が大きい（高分子）場合

表 2-8　分散剤の種類と特徴

分散剤のタイプ	特徴・具体例
低分子分散剤	・界面活性剤…アニオン型、カチオン型、ノニオン型 ・無機化合物…ピロリン酸塩、ヘキサメタリン酸塩 ・分散安定化効果は不十分（不安定さの軽減には有効） ・界面活性剤は界面張力の低下、濡れの改善に利用
高分子分散剤（ランダム型）	・ポリビニルアルコール（PVA）、ポリビニルピロリドン（PVP）、ポリアクリル酸（PAA）、スチレン-マレイン酸共重合体（SMA）など ・分子中にアンカー部と溶媒和部がランダムに分布 ・橋架け吸着の可能性 ・吸着形態が変化しやすい
高分子分散剤（ブロック型）	・アクリル系、ポリエステル系、ウレタン系など ・アンカー部と溶媒和部がブロック化 ・直鎖型、くし型 ・優れた分散安定性

には、粒子同士に反発力が生じて（分散安定化されて）、1次粒子まで解凝集し、流動性もサラサラの状態にすることも可能になります。

本書では、このような界面に作用して界面張力を低下させたり、粒子同士間に反発力を生じさせたりする界面活性物質を分散剤と呼ぶことにします。

界面活性物質の多くは、工業的なプロセスで生産されますが、カゼインやレシチンなど天然物質の中にも界面を活性化する能力（界面活性能）を持つ物質が存在し、食品などの分野で乳化剤や分散剤として使用されています。これらも広義には分散剤と呼ぶことができます。

粒子分散液の製造で実際に使用される分散剤には、**表2-8**に示すように低分子分散剤と高分子分散剤があります。低分子分散剤の分子量はおおむね1,000以下で、界面活性剤と、ヘキサメタリン酸塩やピロリン酸塩などの無機化合物が含まれます。また、高分子分散剤は分子量が数千～数十万で、粒子表面に吸着する部分（アンカー部）の分子内および分子間の分布状態により、ランダム型、ホモポリマー型、ブロック型に分かれます。表2-8に示した各項目については、以降のQ&Aで順次説明していきます。

Q 2-5-2

粒子分散液の製造では分散剤をどのように使用するのですか？

A2-5-2

粒子分散液の製造を分散の単位過程（Q2-2-1参照）に沿って考えると、分散剤を適用するのは、濡れの過程と分散安定化の過程です。
主に水性ビヒクルに添加して表面張力を低下させることにより、濡れを改善します。また、水性・有機溶剤系を問わず、粒子表面に吸着することにより、粒子/ビヒクルの界面張力を低下させて不安定性を軽減したり、粒子間に反発力を生成して分散安定化を促進します。

濡れの過程に関しては、水性ビヒクルの疎水性粉体に対する濡れのように、ビヒクルの表面張力が粒子の表面張力よりも大きい付着濡れの状態を改善する使い方が挙げられます。すなわち、ビヒクルに添加してその表面張力を低下させ、粒子表面との接触角を小さくし、理想的には接触角がゼロの拡張濡れの状態にします（Q1-4-9、Q1-4-10参照）。この目的で使用される場合には湿潤剤と呼ばれることがあります。この効果を添加重量一定で比較すると、一般論ですが、界面活性剤が高分子分散剤に比べると圧倒的に優れています。

分散安定化の過程に対しては、界面の不安定さの軽減と、粒子同士が接近した時に粒子間の反発力を生じさせる積極的な安定化の2つの使い方が考えられます。

前者では安定化ではなく「不安定さの軽減」という微妙な表現を使っていますが、意味合いは次のとおりです。Q1-4-10で、粒子およびビヒクルの表面張力をそれぞれγ_S、γ_Lとした時に、拡張濡れとなる条件は$\gamma_S > \gamma_L$でした。この条件さえ満足すれば濡れは良いのですが、γ_Sがγ_Lより圧倒的に大きくて、かけ離れた値である（粒子とビヒクルの親和性が良くない）場合には、Q2-2-5の式①から、界面に大きな界面張力が残ってしまいます。界面張力が大きいということは界面が不安定だということですから、界面の面積を減らそうとして粒子はビヒクル中でお互いに引き合い、凝集しやすくなります。界面活性剤を粒子に吸着させて界面張力を減少させると、粒子の引き合う力は低下して凝集が緩和されます。ただし、あくまで引き合う力が低下するだけであって、粒子間に反発力が働く訳ではありません。

例えば、酸化チタンやクレーなどの無機粒子を体積濃度で20～30%となるようにキシレンに加えますと、$\gamma_S \gg \gamma_L$ですからキシレンは粒子に対して拡張濡れとなり、粒子間の隙間に毛管浸透して完全に吸収されてしまいます。この状態では、界面張力が大きく、界面が不安定で粒子同士の引き合う力が大きいので、全体としては粘土のような全く流動性のない状態です。ここに、少量の界面活性剤を加えると、ボテツキ感は残るものの流動性を示すようになり、「使わないよりも、使ったほうが、かなりまし」という状態になります。

界面活性剤の代わりに高分子分散剤を添加すると、さらに流動性は良好となり、ボテツキ感のないサラサラの粒子分散液が得られます。これは、高分子分散剤が粒子表面に吸着することで、Q2-2-7で示した浸透圧効果や立体障害効果により、粒子間に反発力を生じさせるためです。一般論ではありますが、濃厚な固体粒子分散系で、粒子間の引力に打ち勝つだけの反発力を生じさせ、積極的な分散安定化を実現するためには、低分子の界面活性剤では不十分で、高分子分散剤を適用する必要があります。

分散剤を添加するタイミングは、分散前の前混合（Q2-1-1参照）時ですが、ミルベース（特に他社からの購入品で、分散剤など含有物の素性や量が不明な場合）に、他の粒子分散液や濃厚樹脂ワニスなどを混合する際、粒子凝集などのショック症状を緩和するため、あらかじめミルベースに添加しておくこともあります。

なお、ここまでの話は粒子表面と使用溶剤に合わせて、分散剤が適切に選択されていることが前提となります。選択の指針に関しては、以降の説明を参照してください。

Q 2-5-3

界面活性剤とはどのようなものですか？

A2-5-3

界面活性剤とは1つの分子の中に、水に馴染む部分（親水基）と水に馴染まず油に馴染む部分（疎水基・親油基）の両方を持つ化合物の総称で、分子量がおおむね1,000以下の低分子量物質です。

水の表面に作用して表面張力を低下させたり、水と油、無機粒子と有機溶剤など、2つの相の表面張力に大きな差が存在する界面に作用して、界面張力を低下させる作用があります。界面張力を下げる機能は「界面活性能」と呼ばれます。最近では、疎水基の部分に炭化フッ素系やシリコーン系の構造を持つものも登場し、これらの構造は油でさえはじいてしまいますので、親油基とは言えない場合もあります。

粒子分散においては、以下の効果があります。

①ビヒクルの表面張力を下げて粒子に対する濡れを改善。

②粒子とビヒクルの界面張力を低下させ、界面の不安定さを低減。

③電荷の付与や溶媒和層の形成によって、粒子間反発力を生成させ、凝集を防止（分散安定化）。

ただし③の分散安定化効果は、エマルションのような液／液分散系では有効ですが、固／液分散系では粒子間引力が液／液分散系よりも大きいので、濃厚な粒子分散液では一般的に不十分です（Q2-3-4参照）。

界面活性剤と言えば、石鹸（ラウリン酸、ステアリン酸などの脂肪酸のナトリウム塩）のような分子量がおおむね1,000未満の低分子量のものを指すのが一般的で、界面活性能があっても分子量がそれ以上の高分子分散剤とは区別されます。

界面活性剤の代表例として、ラウリン酸ナトリウムの、分子構造模型を図

(a)

(b)　$CH_3-CH_2-CH_2-CH_2-CH_2-CH_2-CH_2-CH_2-CH_2-CH_2-CH_2-CO\text{-}O^-Na^+$

(c)

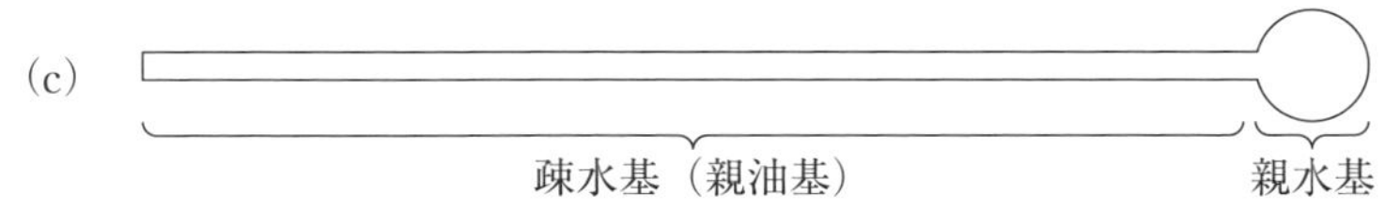

図 2-26　ラウリン酸ナトリウムの分子模型（a）と化学構造式（b）および構造モデル（c）

2-26（a）に、化学式を**図2-26（b）**に示します。長い炭化水素鎖（ラウリル基）が疎水基、カルボキシシル基（のナトリウム塩）が親水基です。このような分子は、模式的に**図2-26（c）**のように表現されます。

界面活性剤は親水基のイオン性によって、アニオン性、カチオン性、非イオン性に分類されます。最近では両イオン性もあります。また、有機溶剤中での粒子分散で、粒子表面に酸性や塩基性の部分がある場合には、アニオン性の官

表 2-9　界面活性剤の代表的な親水基

イオン性	名称	代表的な化学構造
アニオン性	カルボン酸塩	$-COO^-Na^+$、$-COO^-NH_4^+$
	スルホン酸塩	$-SO_3^-Na^+$、$-SO_3^-NH_4^+$
	硫酸エステル塩	$-OSO_3^-Na^+$、$-OSO_3^-NH_4^+$
	リン酸エステル塩	$-OPO_3^{2-}2Na^+$、$-OPO_3^{2-}2NH_4^+$
カチオン性	4級アンモニウム塩	$-N^+(CH_3)_3 \cdot Cl^-$
	スルホニウム塩	$-S^+(CH_3)_2 \cdot Cl^-$
	ピリジニウム塩	$-\overset{+}{N}$ Cl^-
両イオン性	ベタイン型	$-N^+(CH_3)_2COO^-$
	スルホン酸塩	$-N^+(CH_3)_2C_2H_4SO_3^-$
非イオン性	多価アルコール	$-OH$
	ポリオキシエチレン	$-O(C_2H_4O)_nH$

表 2-10　界面活性剤の代表的な疎水基

疎水性度	疎水基の種類		
大	炭化フッ素系	完全フッ素化	CF_3-CF_2-CF_2-
↑		部分フッ素化	CX_3-CX_2-CX_2-　X：F、Cl、H
│	シリコーン系		$(CH_3)_3$-Si-O-Si$(CH_3)_2$-O-
│	炭化水素系	脂肪族炭化水素	C_nH_{2n+1}-、C_nH_{2n-1}-、CnH_{2n-3}-
↓		芳香族炭化水素	C_nH_{2n+1} ―(ベンゼン環)―　(ナフタレン環)―　C_nH_{2n+1}
小		ポリオキシプロピレン	$(C_3H_6O)_n$-

能基が酸性官能基として、カチオン性官能基が塩基性官能基として、それぞれ粒子表面に吸着します。この場合には、未中和で対イオンが存在しないもののほうが良いようです。

親水基、疎水基には、種々の構造が存在します。代表的な親水基を**表2-9**に、代表的な疎水基を**表2-10**に示します。これらの親水性基と疎水性基の組み合わせ、親水性基と疎水性基の結合様式（C-C結合、エステル結合、エーテル結合など）の違いによって、市販の界面活性剤には多種多様のものが存在します。

界面活性剤を粒子分散に用いると先述の①～③の効果が期待できますが、その他、乳化、洗浄、起泡・消泡などにも多く使用されています[1)]。また、コーティング液に添加して、表面張力を下げることで基材への濡れ性を改善し、ヘコミやハジキを防止する目的などでも広く使用されています。ヘコミやハジキについてはQ3-3-3を参照してください。

なお、表2-10には疎水基の構造として炭化フッ素系のものを示していますが、PFOA（ペルフルオロオクタン酸）やPFOS（ペルフルオロオクタンスルホン酸）が化審法の第一種特定化学物質に指定されるなど、使用が制限されてきていますので採用には注意が必要です。

1)　日本油化学会発行,「界面と界面活性剤」, 改定第 2 版（2013）

Q 2-5-4

界面活性剤の選択に当たって、どのような性質に着目すればよいですか？

A2-5-4

粒子分散液の製造に関係する界面活性剤の重要な性質は、HLB値、曇点、臨界ミセル濃度の3つです。

各項目の概要を以下に記載しますが、その詳細に関しては他の書籍[1-3]を参照してください。

①HLB（Hydrophile Lipophile Balance）値

親水–親油バランスという意味で、非イオン性界面活性剤について、分子全体の分子量と親水基（＝ポリオキシエチレン鎖）の分子量を用いて、次の式で表されます。

$$HLB = \frac{\text{ポリオキシエチレン鎖の分子量}}{\text{非イオン性界面活性剤の分子量}} \times \frac{100}{5} \quad \text{式①}$$

分散する粒子の親水性度（疎水性度）に応じて、適切に界面活性剤を選択するのに有用な尺度です。基本的な指針は、対象とする粒子の親水性が大きい場合にはHLB値の大きな界面活性剤を、親水性度が低い（疎水性、親油性）物質にはHLB値の小さな界面活性剤を用います。

粒子ごとに最適なHLB値を決定した例を**表2–11**[4]に示します。表2–11は種々の顔料粒子を、HLB値の異なる一連の非イオン性界面活性剤を用いて水性ビヒクル中で分散した際に、分散性が一番良かった界面活性剤のHLB値を示したものです。有機顔料やカーボンブラックは疎水性なのでHLB値の小さな界面活性剤を用いた時に良好な分散性が得られ、親水性の無機顔料にはHLB値の大きな活性剤が適していることが理解できます。また、有機顔料の中でも、アゾ系顔料（BONレッド、トルイジンレッド）は縮合多環系顔料（フタロシアニン、キナクリドン）より、最適HLB値が低く、その分、表面が疎水

表 2-11　水性塗料で分散する際の界面活性剤に関する顔料種ごとの最適 HLB 値（原報[4]より抜粋、C. I. Pigment No. は著者推定）

	顔料種	C.I.Pigment No.（著者推定）	最適 HLB 値
有機顔料	BON レッド（暗色）	C.I.Pigment Red 52	6-8
	トルイジンレッド	C.I.Pigment Red 3	8-10
	フタロシアニングリーン	C.I.Pigment Green 36	10-12
	カーボンブラック（ランプブラック）	C.I.Pigment Black 7	10-12
	フタロシアニンブルー	C.I.Pigment Blue 15：1	11-13
	キナクリドンバイオレット	C.I.Pigment Violet 19	11-13
↑	フタロシアニングリーン	C.I.Pigment Green 7	12-14
↓	酸化鉄	C.I.Pigment Red 101	13-15
無機顔料	モリブデートオレンジ	C.I.Pigment Orange 21	16-18
	酸化チタン（ルチル）	C.I. Pigment White 6	17-20
	黄鉛	C.I.Pigment Yellow 34	18-20
	黄色酸化鉄	C.I.Pigment Yellow 42	20<

性と考えられます。

HLB 値は元来、ポリオキシエチレン鎖を親水基とする非イオン性界面活性剤に対して定義された値ですが、その他の構造の界面活性剤にも計算式が提案され、拡張して適用されています。

②曇点（Cloud Point）

非イオン性界面活性剤の親水基であるポリオキシエチレン基の親水性は、エーテル結合の酸素原子と水分子の水素結合に由来します。この水素結合は温度が上昇すると切れてしまう（脱水和）性質があるため、これ以上では析出して界面活性能がなくなるという温度が存在します。この温度を「曇点」と呼びます。

曇点は親水基と疎水基の比率、疎水基の種類などに依存しますが、低いものでは40℃付近という界面活性剤もあります。また、ポリオキシエチレン基はブロック型高分子分散剤にも、親水ブロックとして使用されていることが多いため、これらの分散剤を使用した水性粒子分散系では、液の温度が高温にならないように（50℃以下程度が目安）、チラーは能力が十分なものを使用するなどの注意が必要です。

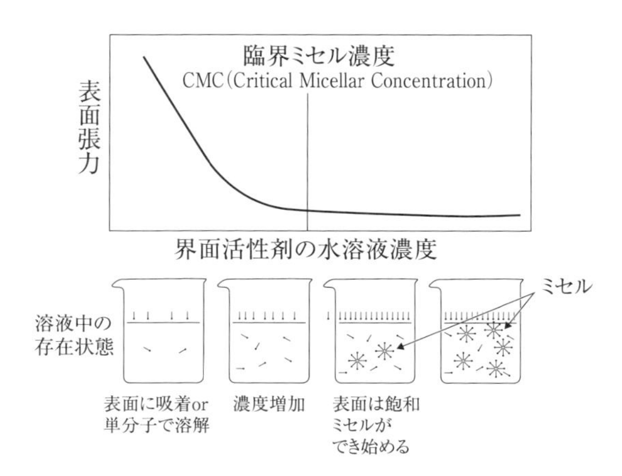

図 2-27　界面活性剤の水溶液濃度と表面張力、溶解状態

③臨界ミセル濃度（CMC；Critical Micelle Concentration）

界面活性剤水溶液の活性剤濃度と表面張力の関係、活性剤分子の溶解状態との関係を**図2-27**に示します。

水溶液中の界面活性剤濃度が低い時には、界面活性剤分子は溶液表面（空気界面）に吸着するか、単分子で溶解しています。溶液表面に吸着した界面活性剤分子は溶液の表面張力を低下させます。濃度が増加すると、溶液表面は界面活性剤分子でほぼ完全に覆われるとともに、水溶液内部では、多数の界面活性剤分子が集合し、親水基を外側（水側）に向け、疎水基同士が内側で寄り集まった球状の構造体が形成されます。この構造体をミセルと呼び、ミセルが形成され始める濃度を臨界ミセル濃度（CMC）と呼びます。

界面活性剤をCMC以上の濃度でビヒクルに添加しても、ミセルの形成に使用されるばかりで表面張力は低下しないので、濡れの改善のために使用する量はCMC以下で良いはずです。ただし、粒子表面への吸着で消費される場合には、粒子の表面積に見合った量の添加が必要です。

1）　小林敏勝，福井寛：「きちんと知りたい粒子表面と分散技術」，p.132，日刊工業新聞社（2014）
2）　森山登：「分散・凝集の化学」，p.6，産業図書（1995）
3）　小林敏勝：「トコトンやさしい粒子分散の本」，p.100，日刊工業新聞社（2022）
4）　R. H. Pascal, F. L. Reig：Official Digest, 36, p.839（1964）

Q 2-5-5

粒子分散では界面活性剤をどのように使用すればよいですか？

A2-5-5

分散剤を粒子分散に適用する目的は、粒子分散の単位過程における濡れと分散安定化の改善です。ただし、固体粒子間に反発力を形成して凝集を防止（安定化）するには、界面活性剤の分子量は不十分で、粒子間の引力を低下させる不安定性の低減にとどまります。

まず疎水性粒子の水性ビヒクルに対する濡れの改善への適用が考えられます。一般的には、界面活性剤の疎水性基が炭化水素で、親水性基は非イオン性もしくはアニオン性のものが用いられます。テフロンパウダーのように、粒子の疎水性が大きい場合には、疎水基としてフッ化炭素系のものが必要な場合もあります。

Q2-5-4で濡れの改善のために配合する界面活性剤の量は、CMC以下でよい旨の記載をしましたが、実際には粒子表面へ吸着して消費されますので、それ以上の添加量になる場合もあります。配合設計では、界面活性剤と高分子分散剤を併用し、界面活性剤の作用により表面張力の低下したビヒクルで粒子表面が濡れると同時に、高分子分散剤が粒子表面に吸着（界面活性剤を置換）して分散安定化するのが理想的です。高分子分散剤は種類にもよりますが、溶液の表面張力を下げる能力は一般的に低く、高分子分散剤だけの配合では、疎水性粉体の濡れに支障が残る場合もあります。

ビヒクルの表面張力は、アルコールなどの水溶性有機溶剤を加えても下げることは可能です。ただし、有機溶剤の添加は乾燥時にVOCが発生することになりますし、界面活性剤の添加は乾燥被膜の耐水性や密着性に悪影響を及ぼすことがあります。また、一般的には高コストとなりますが、表面処理で粒子の表面張力を増加させることも有効です。濡れの改善に、どの手段を採用するかは、十分な検討が必要です。

分散安定化のためには高分子分散剤の適用が望ましいのですが、固形分中の粒子濃度をできるだけ高くしたい、熱分解性の悪い高分子は使いたくない、などの理由で、やむをえず界面活性剤を使用する場合もあります。

水系での分散の場合はQ2-5-4で説明したHLB値を元に、界面活性剤の品種を選択します。有機溶剤系の場合は親水部が酸塩基相互作用で粒子表面に吸着しますから、粒子が酸性であればカチオン性の界面活性剤、塩基性であればアニオン性の界面活性剤を選択します。有機溶剤系で使用する場合は、イオン部が未中和で対イオンがないもののほうが良いようです。また疎水部の有機溶媒への溶解性にも注意が必要で、低極性の炭化水素系溶剤には炭化水素系の疎水部で良いのですが、エステル系やエーテル系の溶剤にはポリオキシプロピレン系など極性の高いものを使用します。

配合量の決定は最終的にはトライ＆エラーですが、界面活性剤の場合は分子占有断面積が参考になります。界面活性剤が一番密に吸着した状態では、粒子表面にほぼ垂直配向し、親水基と疎水基の構造がそれぞれ同一であれば、分子量が異なっても同じ面積を占めると考えられています。これを分子占有断面積と呼びます。この状態での吸着量は粒子の表面積と分子占有断面積から計算できますので、後は吸着平衡、鎖の長さと運動の自由度の効果を勘案して暫定配合を決定し、結果を見ながら最終配合を詰めていくという作業になります。

分子占有断面積は、例えばn-ヘキサトリアコンタン酸（$C_{35}H_{71}COOH$）とステアリン酸（$C_{17}H_{35}COOH$）のように、炭素鎖の長さが異なっても、親水部の構造が同じで、疎水部が飽和炭化水素鎖であれば、ともに$0.20nm^2$と同一です。一方、疎水部がステアリン酸と同じC_{17}の飽和炭化水素鎖であっても、鎖端で分岐しているイソステアリン酸では$0.32nm^2$となり[1)]、分子占有断面積は疎水部の構造（分岐や不飽和結合の有無）に大きく依存します。

1）H.E.Ries: Sci. Amer., 244(3), p.152 (1961)

Q 2-5-6

一般的な高分子と高分子分散剤はどう違うのですか？

A2-5-6

高分子が分散剤として作用するためには、最低限、粒子表面に吸着する部分が分子内に必要で、これをアンカー部と呼びます。逆に言えば、アンカー部があれば、バインダー樹脂やホモポリマーのような高分子でも、レベルの差はあるものの分散剤として作用します。

高分子吸着のドライビングフォースは、水性系では疎水性相互作用や静電引力、有機溶剤系では酸塩基相互作用ですから、これらの相互作用に関与する官能基や構造が、アンカー部として分子内に存在することが、分散剤として作用する要件となります。さらに、実用的な強固な吸着力を考えると、水性系では疎水性相互作用、有機溶剤系ではブレンステッドの酸塩基相互作用が重要ですので、高分子には疎水性官能基や、ブレンステッドの酸や塩基として作用する官能基がアンカー部として必要となります。

具体的には、**表2-12**に示すような官能基がアンカー部として機能します。また、有機溶剤系では水酸基やカルボニル基、エーテル基もルイスの酸や塩基として作用しますので（Q2-4-3参照）、吸着力はブレンステッドの酸や塩基に比べて弱いものの、粒子の分散安定化効果はあります。

高分子化学などの教科書では、**図2-28**のような粒子表面への高分子の吸着形態が示されています。

粒子表面に吸着している部分を「トレイン（train）部」と呼びます。また、ビヒクル中に溶け広がっている部分で、一端だけが粒子表面に固定されていれば「テール（tail）部」、両端が固定されていれば「ループ（loop）部」と呼びます。一方で、高分子分散剤に関係する技術者や業界では、トレイン部を「アンカー（anchor）部」、テール部やループ部を「溶媒和部」、またはループ状の

表 2-12　アンカー部として作用する代表的な官能基

官能基の性質	代表的な官能基
酸性	カルボキシル基 リン酸基 スルホン酸基 上記の塩
塩基性	脂肪族アミノ基（1 級、2 級、3 級） ４級アンモニウム基 芳香族アミノ基 上記の塩
疎水性	長鎖アルキル基 フェニル基 ナフチル基 芳香族アミノ基

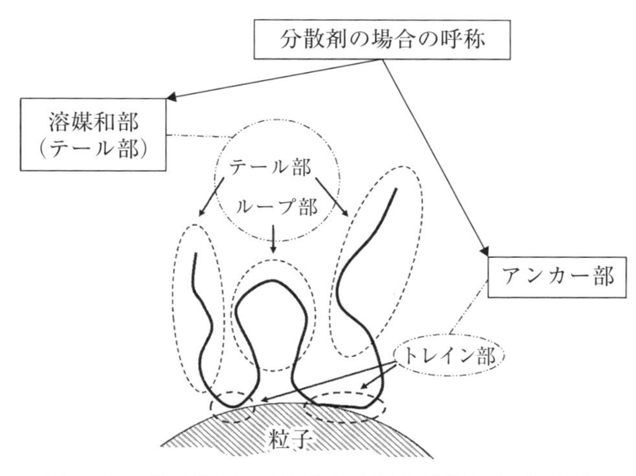

図 2-28　粒子表面への高分子の吸着形態と各部の呼称

溶媒和部はまれなので単純に「テール部」と呼びます。

ホモポリマーでもアンカー官能基を繰り返し単位に持てば、ループ-トレイン-テールの吸着形態で粒子表面に吸着し、分散剤として作用します。また、バインダー高分子でもアンカー官能基があれば分散剤として作用します。ただし、アンカー官能基の分子内および分子間の分布状況は、分散安定性のレベルや所要添加量に大きな影響を及ぼします。このことについては次項で説明します。

Q 2-5-7

アンカー部の分布状態から高分子分散剤はどのように分類できますか？

A2-5-7

ブロック型、ホモポリマー型、ランダム型に分類できます。

粒子表面に吸着して分散安定化に寄与するのは、**図2-29（a）**に示すような、アンカー部を持った分子です。**図2-29（c）**のようにアンカー部の数が複数で、分子内にランダムに分布するような分子は、複数の粒子に橋架け的に吸着して、粒子を凝集させてしまう可能性があります。特に分子量が大きく、粒子濃度が高い場合には可能性が大きくなります。このような凝集を橋架け凝集と呼びます。また、**図2-29（d）**のようにアンカー部を持たない分子は安定化には寄与しません。

図2-29（b）に示すのは、複数のアンカー部が分子内の1カ所に集中して存

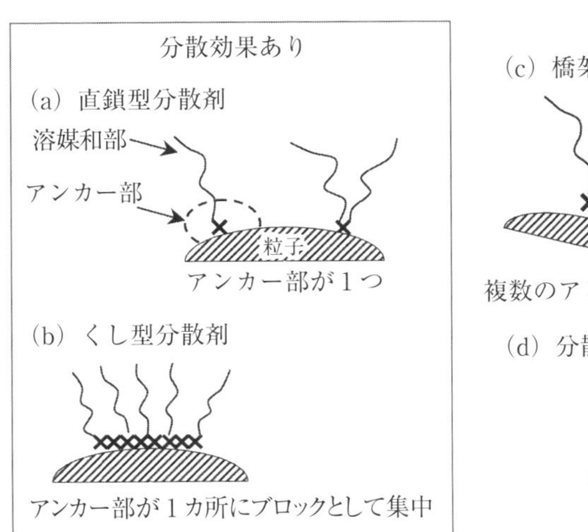

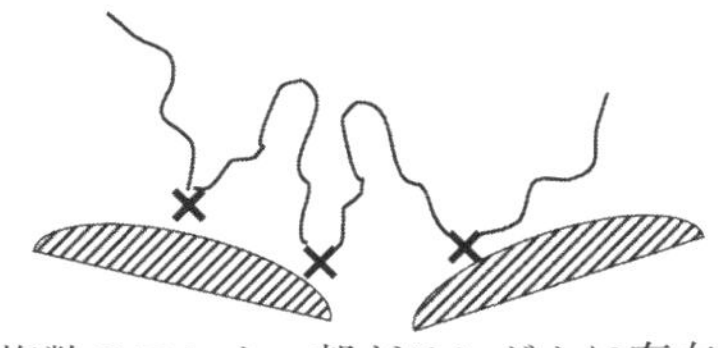

図 2-29　分子内のアンカー部分布と粒子への吸着形態

在し、そこから複数の溶媒和部が伸びている構造をしています。その形状から、くし型と呼ばれます。くしは髪の毛をとかす「櫛」で、英語でもcomb-shapedと記載されます。図2-29（a）の構造は直鎖型と呼びます。

アンカー部の粒子表面への吸着は、脱着との平衡反応です。例えば有機溶剤系での分散で、粒子表面の酸や塩基の強度が低い場合には、平衡が脱着側に偏りやすく、図2-29（a）のような1個のアンカー部では、脱着すると高分子自体も外れて裸の粒子表面が露出し、凝集してしまいます。もしくは、平衡をカバーするために、多量に分散剤を添加する必要が生じます。このような場合、同じ種類のアンカー部であっても、図2-29（b）のように複数のアンカー部を1カ所に集中させておくことで、1つ1つのアンカー部は吸脱着の平衡にあっても、どこかのアンカー部が吸着状態で、高分子自体の吸着状態は継続されます。また、アンカー部は1カ所に集中している上に、多数の溶媒和部にカバーされていますから、橋架け凝集も生じません。結果的に、図2-29（a）のような高分子では効果がない粒子に対しても、少量の添加で優れた分散安定化効果が得られます。

このように、分子内のアンカー部の存在状況により、粒子分散性には大きな違いがあります。さらに、高分子組成物としての高分子分散剤を考えると、いずれかの形態の分子だけで構成されている場合と、複数の種類の分子の混合物で分子間でもアンカー部の状況に分布がある場合があります。このことから、市販の高分子分散剤は**表2-13**のように分類できると考えられます。

ブロック型高分子分散剤は登場が比較的新しく、全ての分子が図2-29（a）もしくは図2-29（b）のいずれかの形態となっています。ブロック型高分子分散剤調製の具体例については、他書[1)]を参照してください。

従来から高分子分散剤として、ポリアクリル酸、ポリビニルピロリドン、ポリスチレンスルフォン酸などが分散剤として用いられています。このような単一のモノマーから構成される高分子はホモポリマーと呼ばれます。ホモポリマーを分散剤として見た場合には、全ての部分がカメレオンのようにアンカー部にも溶媒和部にも成り得る訳ですから、分子量にもよりますが、橋架け凝集を引き起こす可能性もあります。

表2-13　アンカー部の分布状態による高分子分散剤の分類

類型	アンカー(✕)と溶媒和部(〜〜)の分布状況
ブロック型 高分子分散剤	全ての分子が下記構造のどれかで揃っている
ホモポリマー型 高分子分散剤	=✕ and/or 〜〜 モノマーはアンカーと溶媒和部のどちらにもなり得る
ランダム型 高分子分散剤	下記構造の分子の混合物

また、ホモポリマーは溶液中ではランダムコイル状の形態で溶解しており、粒子へ吸着した直後はその形態ですが、粒子表面との親和性が強い場合には、時間の経過とともにフラットな形態に変化して、分散安定性に影響を及ぼすことがあります。同様のことはホモポリマーとは言えませんが、アンカー部が高分子鎖に沿ってランダムに多数存在するポリビニルアルコール（加水分解されていない酢酸エステル部が残留）やスチレン-マレイン酸共重合体などにも当てはまります。これらをランダム型高分子分散剤と呼びます。

アクリルやポリエステルなどのバインダー樹脂でも、アンカー部となる官能基が存在すれば分散安定化効果を発現しますので、これもランダム型高分子分散剤と考えることができます。バインダー樹脂は、アンカー部となるモノマーと他のモノマーとの反応をランダムに進行させて合成されることが多いため、アンカー部は、分子内の位置および分子間の数分布の両方でランダムとなります。例えば、1分子に平均1個となるように、アンカー部となるモノマーを配合したとしても、一定の確率で0個、1個、2個、3個…の分子が生成します。0個の分子は分散安定化に寄与しませんし、複数個のものは橋架け凝集を生じます。

1)　小林敏勝，福井寛：「きちんと知りたい粒子表面と分散技術」，p.143，日刊工業新聞社（2014）

Q 2-5-8

分散安定化のための分散剤の選択は、どう考えればよいですか？

A2-5-8

一般的に、コストは高価なほうから、「ブロック型高分子分散剤＞ホモポリマー型（ランダム型）高分子分散剤＞低分子型界面活性剤」の順になります。また到達可能な分散安定性のレベルも高度なほうから、この順になります。ただし、到達可能な安定性のレベルを得るのに必要な配合量は、多い順から上記の順になってしまいます。したがって、必要な分散安定性のレベルとコスト、許容される添加量から総合的に判断する必要があります。

各種分散剤の配合量と到達可能な分散安定性のレベル（筆者の経験による感覚的なもの）、コストの関係を**図2-30**に、また、想定される粒子表面への吸着形態を**図2-31**に示します。

「低分子型分散剤（界面活性剤）」の分子量は小さく、粒子間に反発力が生成するには不十分です。したがって、到達可能な分散安定性のレベルは、溶剤と

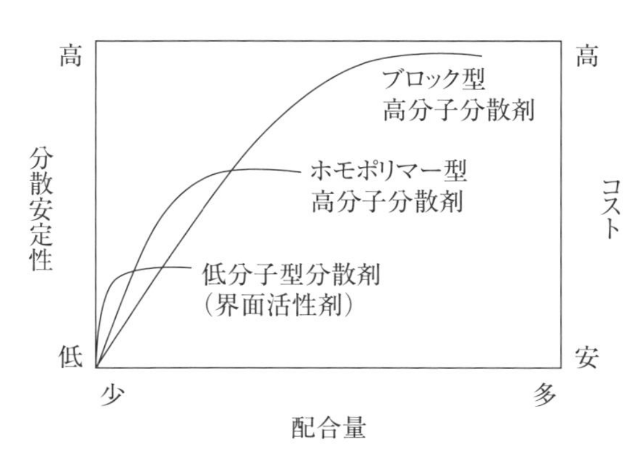

図 2-30　分散剤の形態と配合量の関係

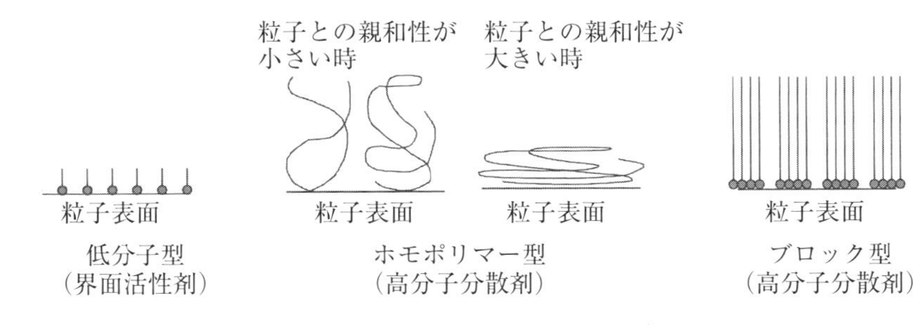

図 2-31　分散剤の吸着形態モデル

粒子だけで分散するよりは改善されるものの、さほど高くはありません。先述（Q2-5-1～Q2-5-3）のように、安定化というよりも不安定性を低減する程度ですが、それでも粒子分散液の流動性を改善するような効果は期待できます。一方、添加量は粒子表面を被覆しても低分子量なので吸着層は薄く、ブロック型やホモポリマー型の高分子分散剤より少量で済みます。ただし、量を増やしても高分子分散剤で得られるレベルには到達しません。

「ホモポリマー型高分子分散剤」は、粒子との親和性が低い時には、吸着層は厚いですが高分子密度が低く、また吸着形態の時間変化や他の粒子との橋かけ吸着による凝集もあるので、分散安定性はブロック型（高分子分散剤）に比べると劣ります。一方、親和性が高い時には、吸着形態がフラットになり、吸着層の高分子密度は高いですが、吸着層は薄くなります。いずれにしても、添加量と分散安定性レベルの関係は図2-30のようになります。例えば、導電性炭素系粒子（アセチレンブラックやカーボンナノチューブなど）の有機溶剤系での分散剤としてポリビニルピロリドンやポリエチレンイミンのようなホモポリマー型高分子分散剤が使用されます。

「ブロック型高分子分散剤」は、1か所に集中したアンカー部に溶媒和部が結合しており、脱着しにくい上に密な吸着層を形成します。このため、到達可能な分散安定性のレベルは高いですが、吸着層密度が高いので添加量は多くなります。

「ランダム型高分子分散剤」は、アンカー部の量や分布状況により分散安定性のレベルや添加量が異なるので図2-30では示していません。

一般的に「低分子型」、「ランダム・ホモポリマー型」、「ブロックポリマー型」の順に高価であり、配合量も多くなるので、価格対効果をよく検討して採用する必要があります。

有機溶剤系では、粒子の酸塩基性に合わせて分散剤を選択します。これはどの型の分散剤を使用する場合も同じです。粒子や分散剤の酸塩基性の評価はQ2-4-4、Q2-4-5を参照してください。一般的に金属や金属酸化物の酸塩基性は強いので、直鎖型の高分子分散剤を選択します。有機顔料（表面処理がないもの）や炭素系粒子は表面が弱酸性であることが多いので、塩基性のくし型高分子分散剤を選択します。

水性系の場合は、HLBの考え方が適用できるはずですが、多くの高分子分散剤ではHLB値やそれに類するパラメーターが全く開示されていませんので、メーカーが推奨する「無機粒子の分散に有効」とか、「カーボン系粒子の分散に適しています」などの情報を参考にするしかありません。

コストや分散液中の有機固形物量の制約がある場合には、界面活性剤や比較的低分子量の直鎖型高分子分散剤もしくはランダム型高分子分散剤を選択します。

塗料やインクなど、バインダー樹脂の使用が必須な粒子分散系の場合、分散剤（特に高分子分散剤）とバインダー樹脂との相溶性も重要です。しかしながら、一般的に市販の高分子分散剤の相溶性に関する情報（例えばSP値や化学構造式）は、あまり明確に示されていません。実際には、当該分散剤とバインダー樹脂を一定の比率（1：10～1：1）で混合したものを、ガラス板やPETシートなどの透明な基材に塗布し、乾燥後、皮膜の濁りの有無を肉眼で観測して相溶性をチェックする以外に方法はなさそうです。濁りがあれば皮膜中で分散剤とバインダー樹脂が相分離している証拠ですので、相溶性はありません。バインダー樹脂と相溶性のない分散剤は、いくら粒子分散性が良くても、バインダー樹脂と混合すると凝集や増粘などの不具合を生じますので使用不可です。

Q 2-5-9

高分子分散剤の配合量はどのようにして決めればよいのですか？

A2-5-9

最終的にはトライ＆エラーなのですが、検討を開始する最初の基本配合は次のようにして決定します。

①ブロック型高分子分散剤；粒子の表面積当たり1～2 $mg \cdot m^{-2}$ が基準となります。

②ランダム型高分子分散剤（バインダー樹脂を分散剤として用いる場合も含む）；分散に寄与する分子の割合が不明ですので、フローポイント（Flow point）法を用います。

---

①については、分散が比較的容易な粒子には直鎖型を用いて $1 mg \cdot m^{-2}$、分散が難しい粒子（有機溶剤系で酸・塩基性の乏しい粒子など）にはくし形を用いて $2 mg \cdot m^{-2}$ が基本となります。例えば、有機溶剤系で比表面積が $10 m^2 \cdot g^{-1}$ の二酸化チタンを分散する場合、二酸化チタンは無機粒子で酸・塩基量が比較的多く分散が容易ですから、酸性もしくは塩基性の直鎖型を用います。配合量は $1 mg \cdot m^{-2} \times 10 m^2 \cdot g^{-1} = 10\ mg \cdot g^{-1}$ となり、粒子に対して1%となります。また、同じく有機溶剤系で比表面積が $300\ m^2 \cdot g^{-1}$ のカーボンブラック（弱酸性）を分散する場合には、塩基性のくし形を用いて、配合量は $2 mg \cdot m^{-2} \times 300 m^2 \cdot g^{-1} = 600\ mg \cdot g^{-1}$（粒子に対して60%）となります。

添加量が粒子の表面積に比例することに留意してください。粒子成分の配合重量を一定にして、粒子径がn分の1になれば、配合される粒子の全表面積はn倍になるので、分散剤の配合量もn倍にする必要があります（粒子の微粒化によって表面性質は変わらないと仮定）。

②のフローポイント法の概略の手順は**表2-14**に示す通りです。詳細は他書[1)]を参照してください。

表 2-14　フローポイント法手順

試験用ビヒクルの作成

- 濃度が異なる（例えば3、5、10、15、20、25、30 wt%）一連の高分子溶液（ビヒクル）を作成する。

粒子粉体の秤量

- ビーカーに一定量の粒子粉体を秤取する。

フローポイントの測定

- ガラス棒でかき混ぜながら各ビヒクルを加えていく。
- 薄いフィルム状のものが棒上に残り、最後の数滴が1～2秒間隔で落ちる点を終点（フローポイント）とし、加えたビヒクルの量を記録する。

フローポイント曲線の作成

- ビヒクル中の高分子濃度を横軸に、それぞれのビヒクルを用いた際のフローポイントにおけるビヒクル量を縦軸にして、プロットする。

最適配合の決定

- プロットは下に凸の曲線となり、変曲点における粒子、高分子、溶剤の比率を基準配合とする。

ロールミルやメディアミルなど、使用する分散機の種類によって、効率的な粘度は異なりますので、上記で決定した基準配合を元に、溶剤の量で粘度を調整します。

後は、実際に分散実験を行い、分散剤が足りないようなら増量する。十分なようだったら減量するという操作を行い、最終配合を決定します。特に、十分なようなら、どこまで減量できるかという実験は、バインダー樹脂で分散する時以外は必ず実施してください。分散剤が余っていると、界面に移行して基材への密着を阻害したり、親水性のドメインを形成して水を呼び込み、耐水性不良の原因になったりします。

1)　小林敏勝，福井寛：「きちんと知りたい粒子表面と分散技術」，p.149，日刊工業新聞社（2014）

第2.6節　分散機・分散プロセス

Q 2-6-1

粒子分散液の製造とミルベースの製造は異なるのですか？

A2-6-1

粒子分散液は塗料やインク、導電ペーストなどの製品を含め、粒子が分散された液状の組成物全てを指しますが、ミルベースは文字通り、ミル（分散機）を用いた分散工程にかけられる液状の混合物を指します。一般的にはミルベースに、さらに成分を添加して製品とします。

塗料の製造を例に説明します。最終製品としての塗料には、粒子（顔料）や溶剤、分散剤、バインダー樹脂、硬化剤が主成分として含まれています。また、溶剤は乾燥性や溶解性の制御のために、複数種類が併用されていることがあります。バインダー樹脂も物性の制御のために複数種類を併用したり、硬化剤が含まれたりします。さらに、商品として必要な諸性能を満足させるために、表面調整剤、消泡剤、レオロジーコントロール剤、沈降防止剤、防腐剤、紫外線吸収剤など、様々な添加剤が含まれています。

顔料（粒子）分散工程は、塗料製造において最もエネルギー消費が大きいので、上記の塗料構成成分の全量を分散工程にかけるのは非効率です。また、分散機に適した粘度になるとも限りません。したがって、通常は最低限必要な成分で、使用する分散機に最適な粘度で顔料分散を行います。

具体的な塗料製造工程は**図2-32**に示す通りで、まず、顔料と溶剤および分散剤を前混合して「ミルベース」（Q2-1-1参照）とします。分散が終了したミルベース（顔料ペーストとも呼ばれる）に、塗料としての性能を発現させるために必要なバインダー樹脂や硬化剤、添加剤、溶剤を加えて塗料組成物とします。この工程を「溶解工程」もしくは「希釈工程」と呼びます。溶解工程が終了した状態では含有される顔料は1種類で、これを「原色」と呼びます。

実際の塗料では、複数の原色を混ぜ合わせて目的とする色調にする調色とい

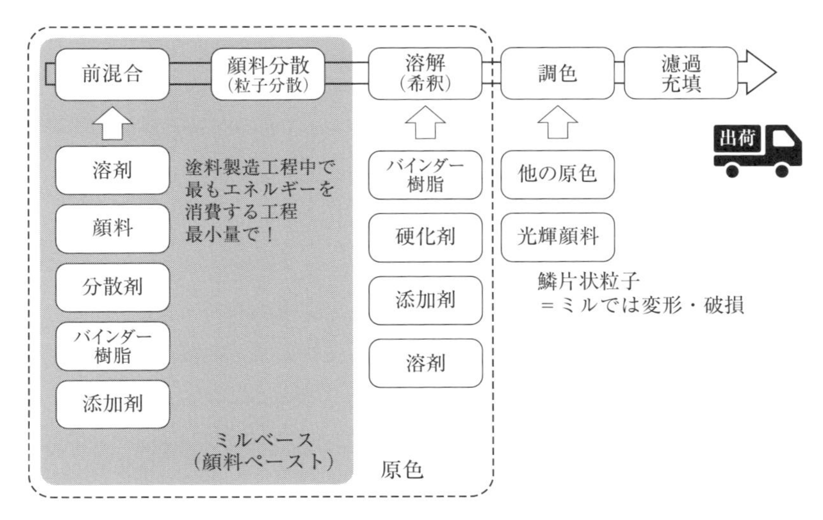

図 2-32　塗料（粒子分散液）の製造工程におけるミルベース

う作業を行います。アルミフレークなどの大型で鱗片状の粒子は、ミルにかけると破断したり変形したりするので調色段階で混入します。このあと、濾過し、所定の容器に充填して出荷されます。

耐候性や密着性などの塗料性能は、バインダー樹脂によって決定されますので、ミルベースを顔料と分散剤、溶剤だけで構成しておくと、溶解工程で添加するバインダー樹脂や硬化剤を変更することで、一つのミルベースから複数の塗料を製造できるので便利です。ただし、ミルベース中の高分子濃度が非常に低くなってしまうので、Q3-2-6で説明する高分子の濃度差に起因する溶解ショック（粒子凝集）が生じやすくなります。これを防止するため、多くの場合、ミルベースにバインダー樹脂の一部が添加されています。

顔料分散ペーストなど、ミルベースそのものが商品として市販され、例えば塗料メーカーがそれを購入して、独自のバインダー樹脂や添加剤を用いて溶解し、自社商品とするような使われ方もあります。

Q 2-6-2

前混合はどのように行うのですか？

A2-6-2

まず、撹拌機のタンクに溶剤と分散剤（必要によりバインダー樹脂や添加剤などの可溶性成分）を加えて均一な溶液（分散ビヒクル）を作成します。次に、分散ビヒクルを攪拌しながら粉体粒子をダマにならないよう徐々に加え、巨視的には均一なスラリーとします。

前混合（Premixing）工程は、ビーズミルやロールミルなど、ほとんどの分散機を使用する場合に必要な工程ですが、ボールミルのような容器駆動型分散機を使用する場合には、分散容器に配合成分を全て投入し、蓋を閉めて運転を始めればよいので不要です。

分散ビヒクルの粘度が低すぎると、濡れの悪い粒子はダマになりやすいので、一部の溶剤を残しておき、ある程度粘度が高い状態で粒子粉体を投入・撹拌して、粒子が馴染んでから、残りの溶剤を加えて所定の（分散機に適した）粘度にすると、上手くいくことがあります。

低粘度（～10Pa·s）のミルベースには、図2-33のような、鋸歯ディスクタービンを装着した高速せん断型撹拌機が用いられます。このタイプの分散機は、高速インペラー型撹拌機、ディソルバー、HSD（High Speed Disperse）など、種々の呼び方があります。Q2-6-1の塗料製造工程ではこの装置が、溶解工程や調色工程でも使用されます。

回転速度はディスクタービンの周速で10～25m·s^{-1}で、回転によりシャフトの周りの液面が凹む程度で運転します。なお、撹拌機や分散機で撹拌速度は周速で表されます。周速とはディスクやローターなどの回転体の一番外側の部分の線速度です。回転数が同じでも、回転体が大きくなるほど周速は大きくなります。

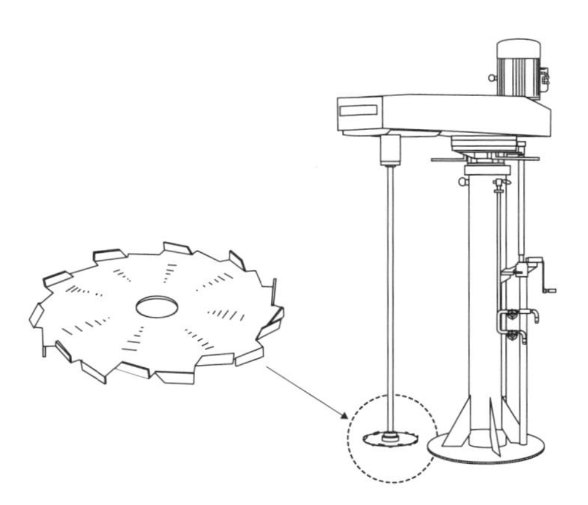

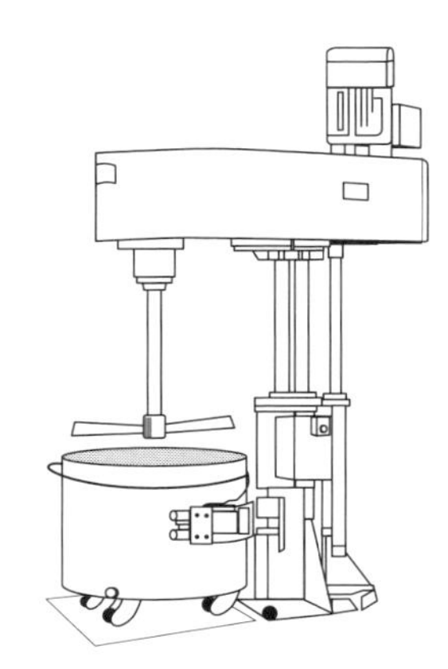

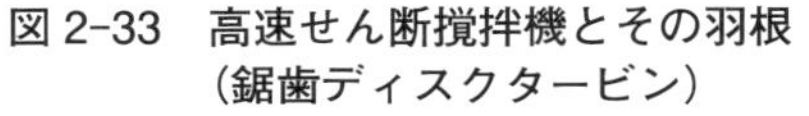

図 2-33　高速せん断撹拌機とその羽根（鋸歯ディスクタービン）

図 2-34　バタフライミキサーの一例

高粘度ミルベースの前混合には、バタフライミキサーやプラネタリーミキサー（Q2-6-4参照）などが用いられます。**図2-34**はバタフライミキサーの一例ですが、蝶の羽のようなブレードになっており、高粘度物質でも十分な撹拌ができるようになっています。

以上が基本の操作です。希釈溶解時のショックを防止するなどの目的で、バインダー樹脂を分散時に入れる場合には、分散剤と粒子表面の相互作用が優先的に生じるような配慮が必要です。

例えば、溶剤に酸性のバインダー樹脂と塩基性の分散剤を同時に加えると、バインダー樹脂と分散剤の酸塩基相互作用が先に進行してしまい、次に入ってくる粒子に分散剤が吸着し難くなります。バインダー樹脂は粒子の後から投入して、分散剤と粒子の相互作用を優先させます。

Q 2-6-3

分散機にはどのような種類のものがありますか？

A2-6-3

表2-15に示すような多種多様な方式の分散機が存在します。目的とする分散度、ミルベース粘度、分散機や分散媒体から発生するコンタミ（コンタミネーション；contamination）に対する許容度、などの条件に応じて選択します。

分散機による微粒化は、せん断力もしくは衝撃力によって進行します。せん断力はずり力とも言われ、微小な空間に速度勾配による粘性抵抗の差を生じさせ、その間にある粒子凝集体を引き離すように解砕します。一方、衝撃力は分散機内の翼やローター、分散媒体（ビーズやボール）が粒子や粒子凝集体と衝突する際などに発生し、解砕や粉砕を行います。超音波によるキャビテーションの発生も衝撃力を生じます。どの分散機もせん断力と衝撃力の両方が作用するのですが、分散機の機種によって一方が主体的になることが多いようです。

表2-15で、「高速回転せん断型分散機」は、高速で回転する回転体とその外筒もしくは外壁との間の微小な隙間にミルベースを通し、せん断力で分散します。「超音波分散機」は超音波振動やキャビテーションで分散します。「高圧噴射式分散機」はミルベースを高圧にしておいて、固定板に衝突させたり、ミルベース同士を衝突させたりして、衝撃力で分散します。オリフィスから噴出させる際に発生するキャビテーションを利用するものもあります。

「媒体撹拌ミル」はボールやビーズを媒体として使用し、モーターなどの機械エネルギーをアジテーターと呼ばれる回転体を通じて媒体に伝え、媒体の衝撃力やせん断力で分散します。「容器駆動型ミル」は回転容器や振動容器の中に入れたボールなどの媒体が、容器の運動に伴って運動し、衝撃力やせん断力、摩砕力を発生します。「ロールミル」は回転するロール間の微小な隙間を

表 2-15　分散機の種類

分散機の種類	分散原理	具体例
高速回転せん断型	高速回転体と外筒、外壁との間の高せん断流	ホモジナイザー コロイドミル
超音波分散機	超音波振動とキャビテーション	超音波ホモジナイザー
高圧噴射式分散機	高圧のミルベースを、 ①オリフィスから噴射 ②固定板に衝突 ③ミルベース同士を衝突	高圧ホモジナイザー
媒体撹拌ミル	媒体としてビーズやボールを使用。 媒体の衝撃力やせん断力	ビーズミル アトライター
容器駆動型ミル	回転容器や振動容器内の媒体（ボールなど）の衝撃力、摩砕力	ボールミル 遊星ミル 振動ミル
ロールミル	異なる速度で回転するロールの隙間でのせん断力と圧縮力	3本ロールミル 2本ロールミル

ミルベースが通過する時のせん断力で分散します。

「媒体撹拌ミル」や「容器駆動型ミル」は、ピーズやポールなどの媒体（メディア）を使用するので「メディアミル」、その他のミルはメディアを使用しないので「メディアレスミル」と分類されることがあります。メディアミルでは、破損や摩耗によって媒体（メディア）や容器（ベッセル）の一部がミルベースに混入することがあり、このようなコンタミネーションが忌避される用途では、メディアレスミルを採用する傾向にあります。

一般論ですが、高度な微粒化を目的とする場合、高粘度ミルベースには「ロールミル」が、中～低粘度ミルベースには「ビーズミル」が適しているようです。また、ビーズミルで分散した後に、超音波分散機や高圧噴射式分散機を適用することで、さらに微粒化が進行する場合もあります。ニーダーやエクストルーダーは分散機（mill）ではありませんが、ゴムや溶融高分子などの超高粘度マトリクスにフィラーなどを分散させるのに用いられています。

分散機の基本的な分散方式とその特徴については上記のとおりですが、分散機の選定では、これに加えて接液部（ミルベースに接する部分）の材質や冷却効率、媒体式の分散機では媒体の材質（硬度、比重）や大きさなどにも考慮が必要です。

Q 2-6-4

混合機・撹拌機（ミキサー）でも粒子を分散することはできますか？

A2-6-4

粒子の種類や分散配合にもよりますが、数μm程度までの分散（解凝集）は可能です。それ以下、もしくは粒子の粉砕には「ミル」と呼ばれるものが必要です。

高速せん断型攪拌機やバタフライミキサー、プラネタリーミキサーなどはQ2-6-2で説明したように前混合で用いられますが、時間の延長や回転数の増加により、数μm程度までであれば解凝集による微粒化にも用いられます。

代表的なプラネタリーミキサーの形状を**図2-35**[1)]に示します。回転部は2本の枠型ブレードで構成されており、ブレードが回転すると同時に、ブレードの取り付け部も回転します。ブレードが惑星（プラネット）の運動と同様に、自転と公転をするので、この名称となっています。ブレード相互間、ブレードとタンク壁面の隙間でせん断力が発生し、攪拌、混練、解凝集が進行します。

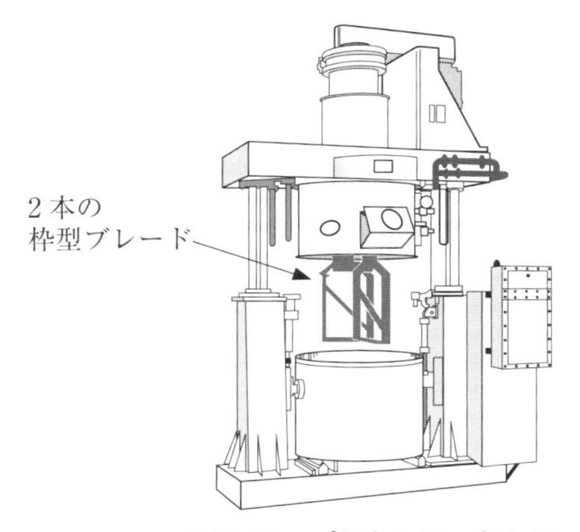

図2-35　プラネタリーミキサー

Q 2-6-5

低粘度のミルベースに適した分散機には、どのような種類のものがありますか？

A2-6-5

低粘度と高粘度の境界を、ポンプでミルベースを送液できるか否かというところに設定すると、低粘度ミルベースに適した分散機には、コロイドミル、ビーズミル、高圧噴射式分散機、超音波分散機などがあります。

「コロイドミル」は**図2-36**[1]に示すようなローターと外筒を嵌め合わせた状態で、ローターが高速で回転します。ミルベースが外筒とローター間の狭い隙間を通過する際に、大きなせん断力が作用して分散されます。ビーズなどの媒体を使用しないメディアレスミルの一種なので、コンタミ（コンタミネーション）の発生を少なくできます。

「ビーズミル」は直径が2 mm程度以下のビーズを媒体として使用する分散機で、低粘度ミルベースの分散では非常に多く使用されています。ビーズの材質や粒子径、ベッセルやアジテーター（モーターの回転エネルギーをビーズに

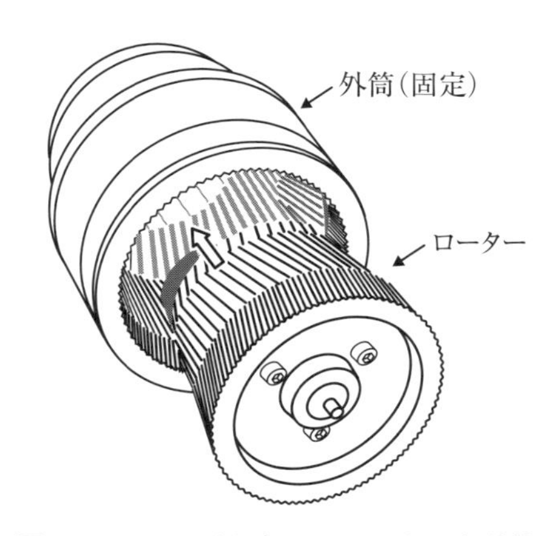

図 2-36　コロイドミルのローターと外筒

伝える部材）の形状を工夫することで、ナノサイズまでの微粒化や数十Pa･sの比較的高粘度なミルベースまで対応可能となっています。ビーズミルに関しては別のQ&Aでもう少し詳しく説明します。

「高圧噴射式分散機」は、ミルベースを高圧にしておいて、固定板に衝突させたり、ミルベース同士を衝突させたりして、衝撃力で分散します。オリフィスから噴出させる際に発生するキャビテーションを利用するものや、小さなノズルを通過する際のせん断力を利用するものもあります。機械本体は共通で、どのモードで分散するかはアタッチメントの交換で可能になっています。このタイプの分散機は以前から知られていましたが、最近になって大型の生産機も登場し、多方面で検討されているようです。この方式も媒体を使用しませんので、コンタミの発生を少なくできます。

「超音波分散機」は超音波振動やキャビテーションで分散するのですが、粒子の解凝集の仕方に特徴がありますので、別のQ&Aで説明します。

「ボールミル」は、円筒形の容器に金属やセラミックス製で大きさが数十mmのボールとミルベースを入れて容器を回転させ、ボールの運動に伴う衝撃力やせん断力で粒子を分散、摩砕します。容器中の「ボール：ミルベース：空間」の容積比は「1：1：1」とするのが原則です。また容器の回転に伴って、ボールが少し持ち上げられて崩れ落ちるという運動（カスケードモーション）が生じる必要があります。このため、容器の大きさに応じて適切な回転数があります。回転数が大きすぎるとポールは容器壁に張り付いてしまい、回転数が小さいとボールが容器底部で滑っているだけとなり、いずれもボールの運動不良で微粒化は進みません。

ボールミルは、ビヒクルと粒子の前混合を必要とせず、溶剤の揮散や外部からの汚染が生じない、また装置・機構が簡単で維持が容易という長所があります。一方で、製造品種替えに伴う洗浄が困難で、タンク容量でバッチスケール（生産量）が決まってしまうなどの短所があり、最近では採用される頻度は小さいようです。

Q 2-6-6

高粘度のミルベースに適した分散機にはどのような種類のものがありますか？

A2-6-6

ロールミルが該当します。ニーダーやエクストルーダーは分散機（mill）ではありませんので、到達分散度はさほど高くありませんが、ロールでは対応できないような超高粘度マトリクスへの粒子の混錬・分散に適用されます。

一般的に高粘度ミルベース用の分散機では、せん断力による粒子の解凝集が主体で微粒子化が進行するので、粉砕は生じにくいとされています。

ロールミルは回転するロール間の微小な隙間をミルベースが通過する時のせん断力で分散します。ロールの本数は2本と3本のものがありますが、粒子分散には3本ロールミル（**図2-37**）が使用されます。最近では、ナノ分散に適用できる機種も出現しています。詳細についてはQ2-6-9を参照してください。

「ニーダー」はゴムなどのフィラーの混錬・分散に用いられる他、製造直後の水相に存在する顔料粒子をインク用油性ビヒクルに転相させるフラッシングという工程に用いられます[1)]。フラッシングでは顔料粒子を乾燥させることな

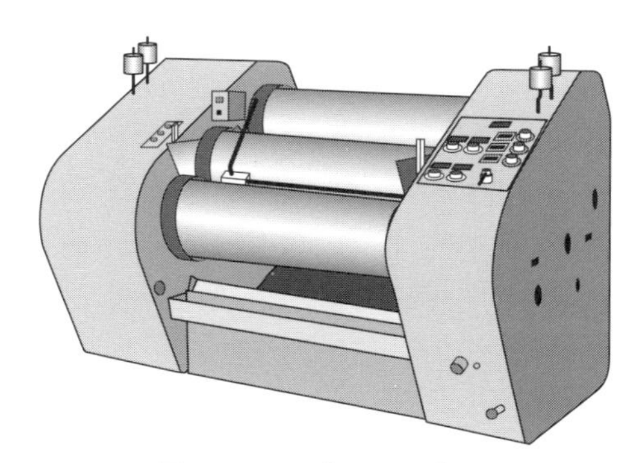

図 2-37　3本ロールミル

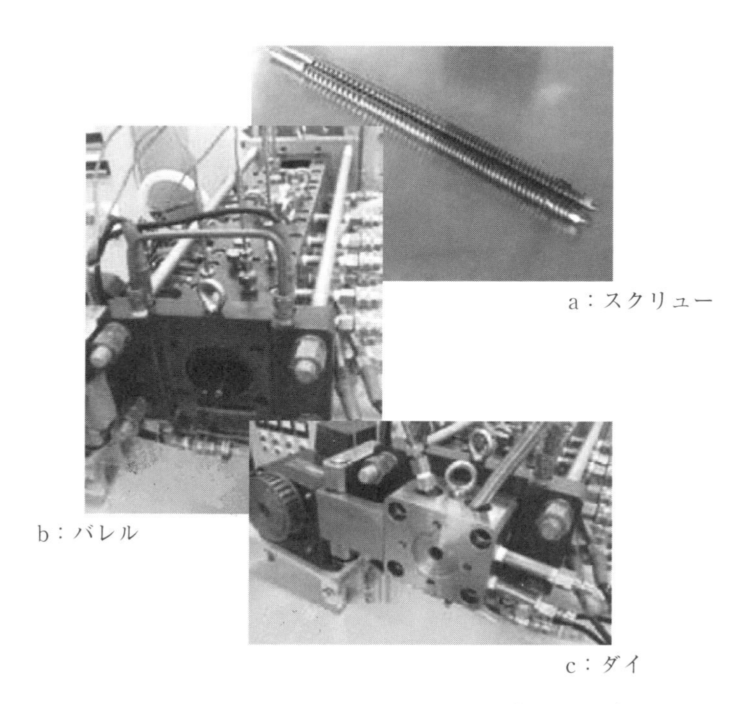

図2-38　エクストルーダー（2軸）の構成部品[2)]

く、水相から油相へ転送・分散させるので、乾燥による粒子凝集が生じにくいという長所があります。

「エクストルーダー」はプラスチック着色用マスターバッチの生産や粉体塗料の生産など、溶融高分子へ粒子を分散させるのに使用されます。1軸と2軸のものがあり、投入部、スクリュー、バレル（加熱が可能な、内部でスクリューが回ってサンプルを処理するトンネル）、ダイ（処理された材料が外に出てくる部分）などから構成されます（図2-38[2)]）。投入された粒子粉体とマトリクス高分子は、高温のバレル中で高分子が溶融し、スクリューにより粉体粒子と混錬されながら圧力がかけられ解砕が進行し、ダイから押し出されます。

1)　五十嵐和夫：J. Jpn. Soc. Colour Mater.（色材），78，p.78（2005）
2)　鹿児島県水産技術開発センター報「うしお」，313，p.1（2007）

Q 2-6-7

ビーズミルとはどのような分散機ですか？

A2-6-7

媒体撹拌ミルの一種で、モーターの回転エネルギーを、直径が数mm～数十μmのビーズに伝え、ビーズによる衝撃力やせん断力で粒子を粉砕・分散します。ビーズに関しては次のQ2-6-8を参照ください。

ビーズミルの基本的な構造を模式的に**図2-39**に示します。ベッセルと呼ばれる容器の中で、モーターにつながったシャフトに円形や卍型のディスクが数

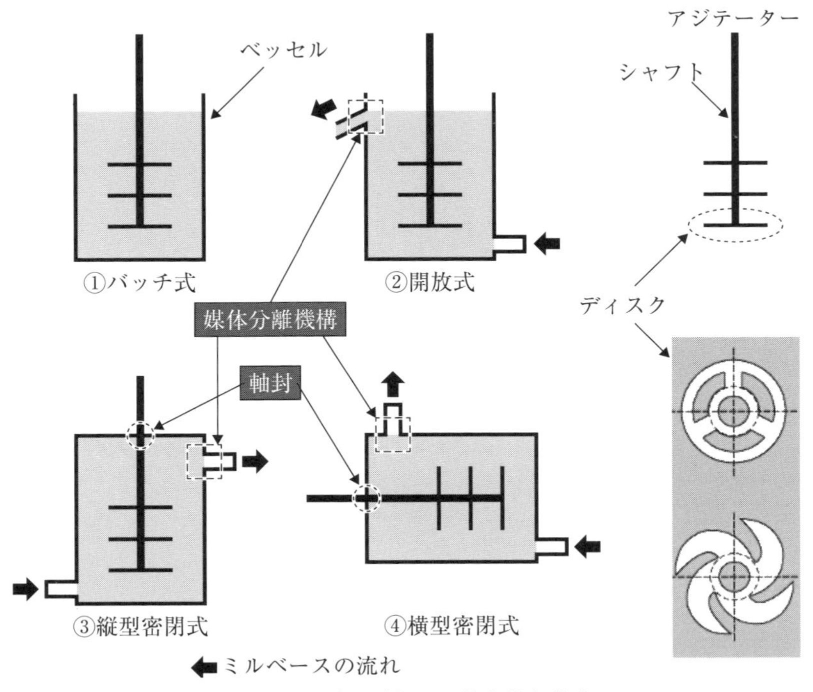

図 2-39　ビーズミルの基本的な構造

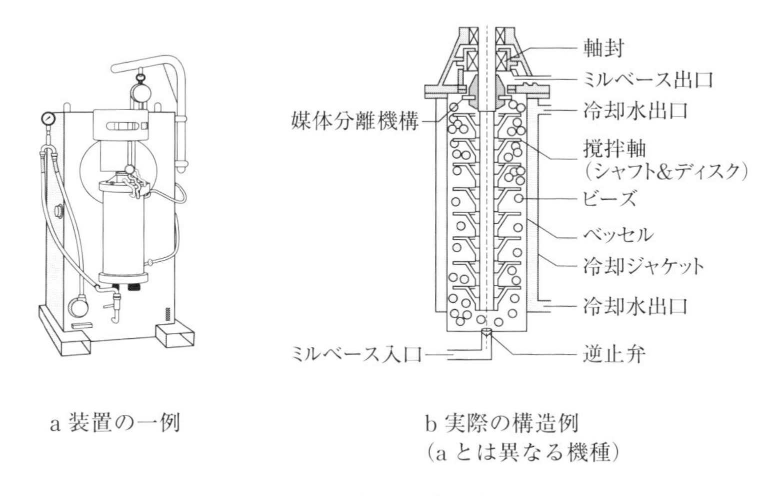

図 2-40　縦型密閉式ビーズミル

枚取り付けられたアジテーター（agitator）と呼ばれる部品が回転します。アジテーターの回転により、ベッセル内に充填されたビーズに運動エネルギーが伝わり、分散力が発生します。

図2-39①のバッチ式ビーズミルは比較的小型のものが多く、実験室で使用されます。

初期のビーズミルはベッセル底部からポンプにより送り込まれたミルベースが、図2-39②のようにベッセル上部から流れ出すのをタンクで受け取る開放式でした。流出部には分散の終わったミルベースにビーズが混ざらないように、簡単なメッシュスクリーンが設置されています（メッシュスクリーン方式）。このような、ミルベースを通し、ビーズはミル内に留める仕組みを、「媒体分離機構（メディアセパレーター：media separator）」と呼びます。開放式はミルベースの乾燥でメッシュが詰まったりする場合があります。また、重力の関係でベッセルは縦型に限られてしまいます。

最近のビーズミルは図2-39③や図2-39④のように、密閉式のベッセルを持つものがほとんどです。**図2-40**に縦型密閉式ビーズミルの一例を示します。

密閉式とするために、モーターの動力は伝えてもミルベースは漏らさない仕組みがベッセル内に必要です。これを「軸封（シール）」と呼び、ビーズミルのような過酷な条件では、メカニカルシールもしくはリップシールが用いられます。

また、密閉式にして流量を増加させると、メッシュが詰まりやすくなりますので、メッシュスクリーンの位置を分散場に設置して、ビーズの運動によってメッシュが詰まりにくくする方法や、**図2-41**に示すギャップ分離方式が採用されています。ギャップ分離方式は、ベッセル壁に固定されたステーターと、アジテーターと一緒に回転するローターとの隙間が、ミルベースは通れてもビーズは通れない間隔になっており、具体的には使用するビーズ径の3分の1以下の幅にする必要があります。ローターが回転しているので、目詰まりに対して自浄作用がある反面、ビーズがかみ込んで破損し、コンタミネーション（コンタミ）となって粒子分散液に混入する時があります。

図2-40bでもギャップ分離方式が採用されています。

分散効率を上げる1つの手段として、ベッセルへのビーズ充填率の増加がありますが、横型ミルでは体積比80％以上の充填率が可能であるのに対し、縦型では60～70％が最大となります。これは重力の影響で、ベッセルの上下方向でビーズの密度に差が出たり、停止時に沈んだビーズのために起動できなかったりするためです。

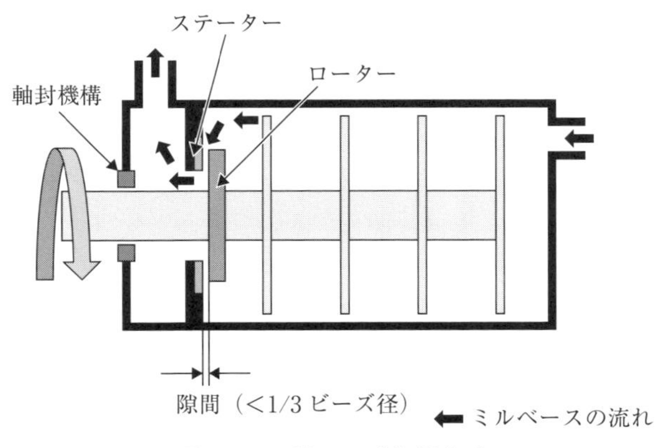

図 2-41　ギャップ分離方式

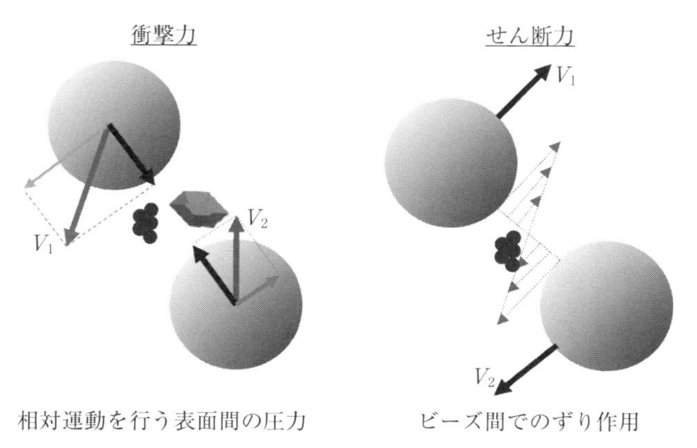

図2-42　ビーズミルの分散メカニズム

ビーズによる衝撃力やせん断力は、**図2-42**に示したようなメカニズムで生じます。これはアトライターなど他の媒体撹拌ミルや、ボールミルなどの媒体としてビーズ、ボールを用いるミルにも共通します。従来からのビーズミルでは、図2-42左側の衝撃力による分散が主体的です。近年、1次粒子は粉砕せずにナノ粒子分散系を得る手法として、アジテーターの回転数を低く抑え、図2-42右側に示したビーズ間のせん断力で微粒化するタイプのミルも出現しています。

最近では様々な形状、構造のベッセルやアジテーターを持つビーズミルが上市され、到達可能な分散度や適用可能なミルベース粘度の幅が広がっています。具体的な機種の選定に当たっては、ここで述べた点をチェックして、コスト、粒子の材質と目標分散度、ミルベース粘度、コンタミに対する許容度（ベッセル内壁やアジテーターの材質）などを総合的に考案してください。

また、運転方式を循環式にするかパス式（Q2-6-10参照）にするかの判断も重要です。

Q 2-6-8

ビーズミルで使用するビーズには、どのようなものがありますか？

A2-6-8

直径が数mm～数十μmの球状で、材質はガラス、セラミック、スチールのものが市販されています。目的とする分散度（粒子径）、許容されるコンタミネーション（コンタミ）の程度に応じて選択します。

かつてビーズミルはサンド（グラインディング）ミル、略してSGミルと呼ばれていました。これは装置が開発された当時には、現在のような粒子径のそろったビーズの入手が困難であり、川砂を篩(ふるい)にかけて使用したからです。

現在では、多様な材質のビーズが入手可能であり、粒子径も一番小さいものでは10μmのビーズが流通しています。

ビーズミルの分散・粉砕効率に影響を与える因子としては、ベッセルやアジテーターの形状、周速やミルベース流量などがありますが、ビーズの影響はかなり大きいです。

ビーズ径に関する基本指針は下記のとおりです。

①原料粉体（凝集体）の最大粒子径に対して、その10～20倍の大きさのビーズを用いる。

②到達分散粒子径は、ビーズ径の約1,000分の1が目安。

目標とする分散粒子径が小さいほど、微小なビーズを用いる必要があるのですが、原料粉に粗大な粒子が含まれている場合は、いきなり微小ビーズで分散してはいけないことになります。微小ビーズを用いたナノ分散に関しては、Q2-6-12で説明します。

現在、市場に出回っているビーズミル用ビーズの材質と比重を表2-17に示します。

ガラスビーズは安価ですが、水性系のミルベースに用いる場合には、アルカ

表2-17　ビーズミル用ビーズ

材質	ガラス			アルミナ		ジルコン	ジルコニア	スチール
	ソーダガラス	低アルカリガラス	無アルカリガラス	汎用	高純度			クロム
成分	SiO_2 Na_2O MgO Al_2O_3	SiO_2 CaO Al_2O_3 B_2O_3 MgO K_2O_3 Na_2O	SiO_2 CaO Al_2O_3 B_2O_3 MgO	Al_2O_3 SiO_2	Al_2O_3	ZrO_2 SiO_2	ZrO_2 Y_2O_3	Fe Cr Si Mn P S
比重	2.5	2.6	2.6	3.6	3.9	3.85	6	7.85

リ分の溶出が分散安定性やその他の製品品質に影響を及ぼすことがありますので、低アルカリタイプや無アルカリタイプを用います。アルカリ分の溶出でミルベースのpH値は低下しますので、特にカチオン性の界面活性剤や高分子電解質の溶解性に影響します。これらを含むミルベースは要注意です。

比重が大きいと同じ粒子径でも運動エネルギーが大きくなるので、衝撃力は増加し、1次粒子の粉砕も生じやすくなります。粉砕を目的とするのならそれで良いのですが、解砕が目的で分散の対象とする粒子の材質が脆い場合には、あまり比重の大きな粒子を用いないほうが無難です。スチールビーズは比重が大きいのですが、摩耗しやすいので金属質のコンタミが粒子分散液に混入する可能性があります。

表2-17の中で高純度アルミナビーズが一番硬く、ビッカース硬度で1,750～1,800程度です。アルミナやジルコン、ジルコニアなどの硬度の高いビーズを使用する場合には、ベッセル内面やアジテーター、シャフトも硬質の材料で被覆しておかないと、ビーズの運動で摩耗してしまいます。

Q 2-6-9

ロールミルとはどのような分散機ですか？

A2-6-9

スチールやセラミック製の回転速度が異なるロール２～３本で構成されています。ミルベースが、ロールとロールの狭い隙間を通過する際のせん断力により解凝集する分散機です。
粒子分散によく使用されるのは3本ロールミル（Q2-6-6の図2-37）で、２本ロールミルはゴムなど超高粘度物質の混錬に使用されることが多いようです。

3本ロールミルは、**図2-43**に示すように、フィードロール、センターロール、エプロンロールの3本のロールから構成されており、それぞれのロールは回転速度が異なります。回転速度はフィードロール、センターロール、エプロンロールの順に早くなり、フィードロールとセンターロールの間に投入されたミルベースは、フィードロールとセンターロールの間の狭い隙間を通り、センターロール下部からエプロンロールへ移動し、スクレーパーでかき取られます。かき取られたミルベースの分散度が不足している場合は、再度フィードロールとセンターロールの間に投入されます。

ロールミルが粒子を分散する機構は、ロール間圧力を利用する圧縮作用と、異なる速度で回転するロール間の速度勾配を利用したせん断作用による解砕です。ロールとロールで押し潰す粉砕ではありません。狭い隙間を通過できない粗大粒子はいつまでも、フィードロールとセンターロール間の上部に残留するので一種の濾過効果があり、さらにキャビテーションが発生することで、ミルベースの脱泡作用もあります。

ロールミルは製造品種換えが比較的簡単で、少量生産への対応能力も高く、機動性に優れた分散機です。一方、低沸点の有機溶剤を使用したミルベースの

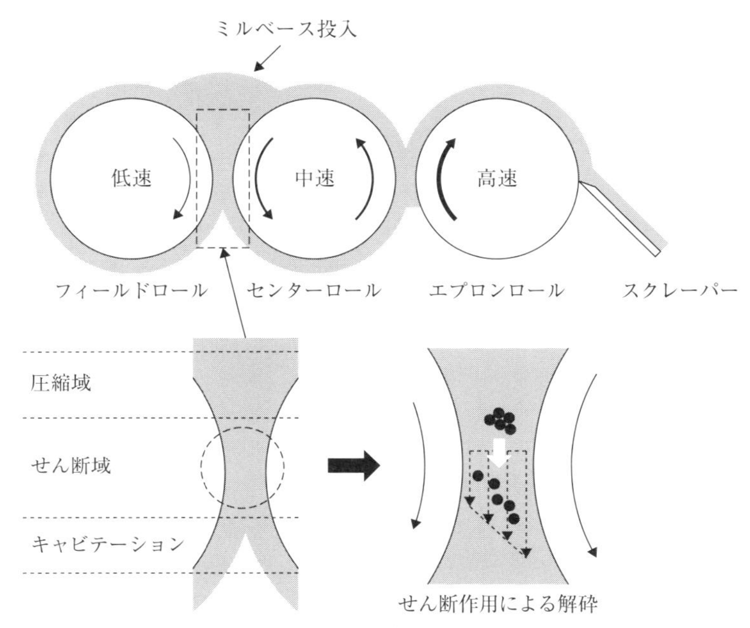

図 2-43　ロールミルの構造と分散メカニズム

場合、薄膜状態に伸ばされるので、溶剤が蒸発しやすく、作業環境面では好ましくありません。また、固形分濃度の変化にも注意が必要です。

ロールミルは、10 Pa･s〜1,000 Pa･sの高粘度ミルベースをサブミクロンサイズ以下に微粒化するのに適しており、最近ではナノサイズまでの解砕が可能な機種も上市されています。

ここで説明したロールミルはロールの表面が平滑ですが、山／谷の溝があるロールを相対して内側に向かって回転させて、乾式の粉砕機として使用されるものもロールミルと呼ばれることがあります。こちらは、「ローラーミル」と呼ばれることのほうが多いようです。

Q 2-6-10

循環分散とパス分散の違いを教えてください。

A2-6-10

ビーズミル、アトライター、コロイドミルなどを用いた分散で、**図2-44 (a)** のように前混合タンクからポンプでミルベースを分散機に送り込み、分散されて出てきたミルベースを別の受けタンクで受ける方式を「パス分散」と呼びます。

循環分散では**図2-44（b）**に示すように、タンクで前混合され、分散機を通って出てきたミルベースは、再度、元のタンク（ホールディングタンクと呼ばれる）に戻されます。タンクは常に撹拌されており、ミルベースは何回もタンクと分散機を循環します。単位時間当たりのミルベースの流量は、パス分散方式に比べるとかなり多量であるため、大流量循環分散方式と呼ばれることもあります。

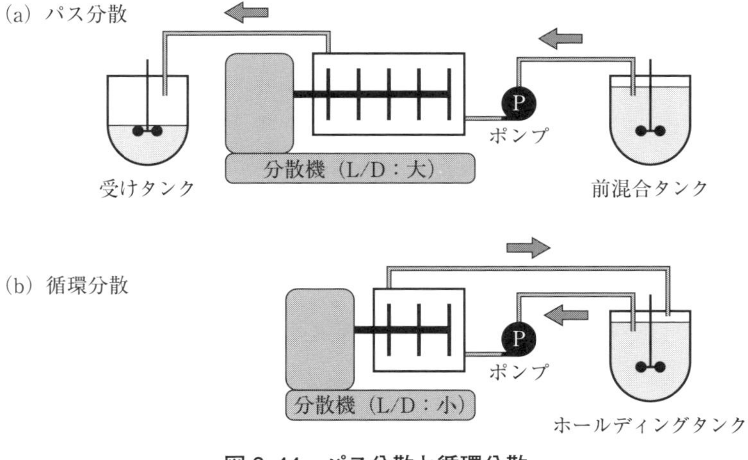

図 2-44　パス分散と循環分散

パス分散では、1パスして分散度が不足であれば、受けタンクを前混合タンクの場所に移動させて、2パス、3パスとパス回数を増やします。図2-44では分散機を1台だけ示していますが、複数の分散機を直列に連結し、前方の分散機を粗分散、後方を仕上げ分散に適した機種や運転条件にするような工夫も行われています。

一般に、ミルベースの分散機内の滞留時間が長いほど、分散度は高くなりますが、分散機の種類によっては、分散機内の位置によって分散エネルギーに偏りがあり、分散力の乏しい箇所が存在する場合があります。例えば、ビーズミルのシャフト付近とディスクの先端付近ではビーズの運動エネルギーが異なり、シャフト付近のビーズは運動エネルギーが小さいので分散力は乏しくなります。パス分散では、ミルベースの流量を絞って滞留時間を長く取っても、このような部分を伝わってくる粒子が一定の割合で存在するので、平均粒子径は目標に到達していても、粗粒が残存して、分散工程が終了しない場合があります。配合や粒子の表面性質などの理由で、分散性が不良の場合に、特にこの傾向は顕著です。

循環分散では、ミルベースの分散機内滞留時間がパス分散方式と同一であっても、分散機を何回も通過するので、分散力の乏しい箇所だけを通過することが生じ難くなり、粗粒が早く減少します。また、粒度分布がシャープになるという特徴があります。

ビーズミルの場合、循環分散方式にはベッセルの長さ（L）に対するベッセルの径（D）の比（L/D）が、パス分散方式よりも小さい機種を使用します。これはミルベースを大流量で循環させると、ビーズが出口近くに偏在して、ベッセル内の圧力が上昇して装置が停止したり、分散効率が低下するためです。

パス分散方式は水性系での無機粒子の分散のように、分散が比較的容易で短時間に分散が可能な場合に適しており、循環分散方式は比較的分散が難しく、長時間の分散が必要な場合に適しています。

Q 2-6-11

超音波分散の特徴は何ですか？

A2-6-11

ビーズミルなど一般的な分散機の微粒化メカニズムが分裂破壊なのに対し、超音波分散は浸食破壊とされています。

浸食破壊では、図2-45（a）に示すように、凝集体の外側からパラパラと凝集体が解かれていくのに対し、分裂破壊では図2-45（b）に示すように凝集体がパカパカと割れていくイメージです。

したがって、粒子凝集体にいきなり超音波分散をかけても、大きな芯の部分が残って粗大粒子がいつまでもなくならないのですが、ビーズミルなど他の分散方式で限界まで分散してから超音波分散にかけると、微小な凝集体がさらに解凝集されることが期待できます。

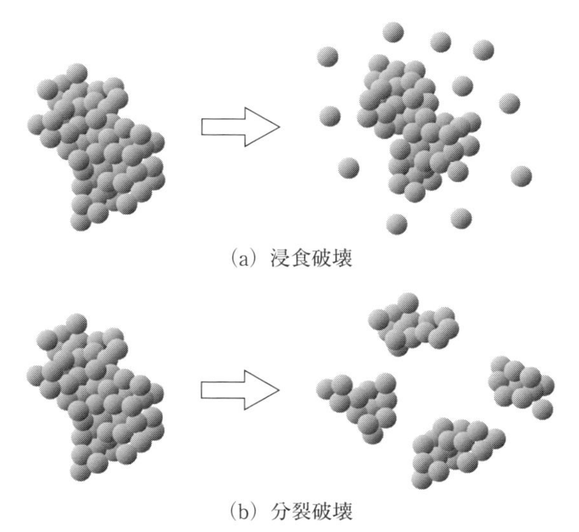

図 2-45　粒子凝集体の浸食破壊と分裂破壊

Q 2-6-12

分散粒子径をナノサイズ（100nm以下）にしたいのですが、どのような分散機を用いればよいでしょうか？

A2-6-12

分散機の中で「ナノ分散」をうたっている機種が存在するのは、ビーズミル、高圧噴射式分散機、ロールミルです。超音波分散機もQ2-6-11で説明したように、他の方式で限界まで分散したミルベースに適用することで、ナノサイズまで解砕できる可能性があります。

ビーズミルはナノ分散対応の機種も多く上市されています。以下では、ナノ分散対応ビーズミルの特徴について説明します。

分散機メーカー各社から、様々なナノ分散対応ビーズミルが上市されており、種々の工夫がされている一方で、以下の①～④のような共通した特徴があります[1)]。

①微小粒子径ビーズ（微小ビーズ）の使用

1つのビーズの運動エネルギーは、材質が同じであればビーズの粒子径が小さいほど小さくなります。一方、単位体積当たりのビーズの個数は、例えば粒子径が2 mmであれば140個/cm^3程度ですが、0.5 mmだと9,200個/cm^3にもなります。ビーズが粒子凝集体を解凝集させるためには、粒子凝集体と衝突や接触をしなければなりません。ナノ分散のためには、ベッセル内に小さなビーズを多数充填するほうが、ビーズによる微小凝集粒子の捕捉確率が高くなり、分散速度や到達分散度が高くなります。なお、ビーズ1つの運動エネルギーは低下しますので、ジルコニアなどの高比重ビーズ（Q2-6-8の表2-17）を用いて、できるだけ運動エネルギーを大きくします。

②精緻な媒体分離機構（メディアセパレーター）

ビーズミルのベッセル出口には、ミルベースは通すがビーズは通さない「媒体分離機構」と呼ばれる部分があります。ビーズの粒子径が小さくなるほど、

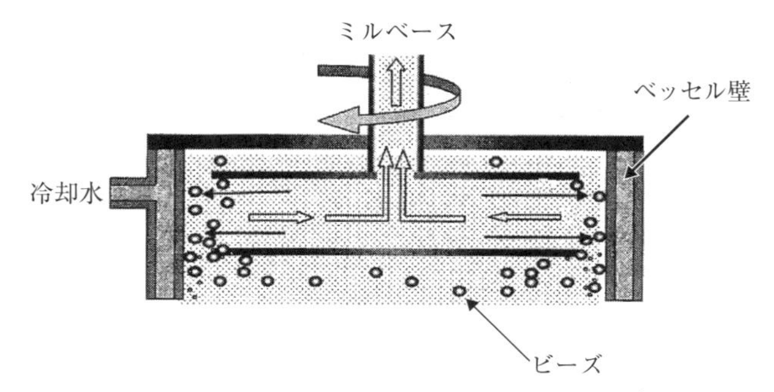

図2-46　遠心力を利用した媒体分離機構[2)]

Q2-6-7で説明したメッシュスクリーン方式やギャップ分離方式では、粒子凝集体や摩耗したビーズによる目詰まりを起こしたり、ギャップやメッシュの隙間をビーズが潜り抜けやすくなります。また、装置が大きくなるほど、ギャップ間隔（ビーズ径の3分の1以下）の機械的精度維持が困難にもなります。

多くのナノサイズ対応分散機では、ビーズ分離に遠心力を利用しています。遠心分離の基本的な原理を**図2-46**に示します[2)]。図2-46は縦型ミルのベッセル上部で、ミルベースは下方からベッセル内に送り込まれ、ビーズもミルベースの流れに乗って上方へ移動してきます。媒体分離機構の部分では、ミルベースは中央部から流出しますが、ビーズはミルベースより比重が大きいので、遠心力が働き、外周方向へはじき飛ばされ、再びベッセル下部に移動します。実際には遠心力だけでは不十分なので、メッシュスクリーンの併用などが行われています。

③特殊な形状のアジテーター

アジテーターはモーターの回転をビーズに伝える部材です（Q2-6-7参照）。ナノ分散対応分散機のアジテーター形状の一例を**図2-47**[3)~6)]に示します。Q2-6-7の図2-39に示したシャフトに円形や卍形のディスクが付いた単純な構造と異なり、ビーズに効率良くエネルギーを伝え、運動方向がランダムで、速度変動量が大きくなるように、また、ミルベースの流れでビーズが出口方向に偏らないように、各社各様に形状が工夫されています。

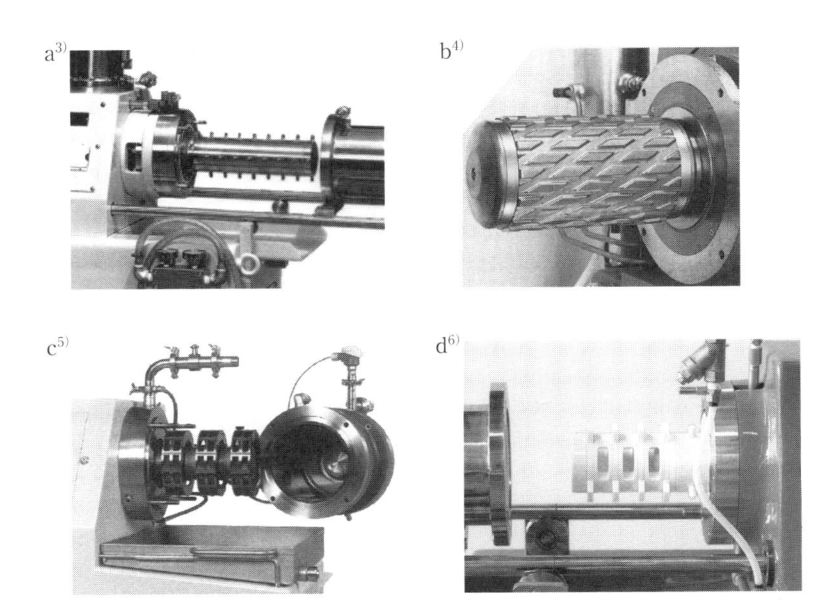

図2-47　ナノ分散対応分散機のアジテーター形状の例[3)～6)]

④アニュラー型

アニュラー（Annular）は「環状の」という意味です。ナノ分散対応機では、シャフトが太くて、ベッセル壁とシャフトとの隙間が狭くなっています(図2-47)。ベッセル内の断面は、ミルベースが通る部分がバームクーヘンのような環状の狭い空間になっているのでアニュラー型と呼ばれます。アニュラー型とすることで、ベッセル内の場所によらず、ビーズの運動エネルギーを均等とし、さらに冷却効率を高くすることができます。

1)　小林敏勝，福井寛：「きちんと知りたい粒子表面と分散技術」，p.159，日刊工業新聞社(2014)
2)　院去貢：「分散技術大全集」，情報機構，p.73（2005）
3)　浅田鉄工（株），ピュアグレンミル　パンフレット
4)　（株）井上製作所，スパイクミル　パンフレット
5)　（株）シンマルエンタープライゼズ，Willy Bachofen AG Maschinenfabrik, Dyno-Mill ECM，パンフレット
6)　アシザワファインテック（株），スターミルLMZ パンフレット

Q 2-6-13

過分散とは、どのような現象のことですか？ どうすれば防止できますか？

A2-6-13

粒子凝集体の解砕を意図して分散しているのに、分散機の力が強すぎて１次粒子の粉砕が生じ、通常は生じないような様々な不具合が生じる現象を「過分散」と呼びます。主に、ビーズミルやボールミルのような衝撃力が主体のミルで発生しやすいので、ロールミルのようなせん断力が主体のミルや、超音波分散機や高圧噴射式分散機を用いることで回避することができます。

例えば、ビーズミルでジルコニアのような高比重・高硬度の材質のビーズを用いて、高周速で分散を行うと、粒子の材質によっては粒子凝集体の解砕だけでなく、1次粒子の粉砕が生じることがあります。Q2-1-3で説明したように、粒子の粉砕によって、粒子表面には活性点が生成したり、結晶格子のひずみが生じたりします。

その結果、分散を進めていくと、通常は粒子径が小さくなるだけのところが、粒子分散液の粘度が異常に増加したり、凝集が発生したり、物性の変化が生じたりすることがあります。このような現象が「過分散」と呼ばれます。

図2-48に、過分散の一例として、アナターゼ型二酸化チタン粒子を、0.1 mmϕのジルコニアビーズを用いて分散した際の、ビーズミルの周速と分散後の二酸化チタンのX線回折パターンとの関係を示します。周速が$4 m\cdot s^{-1}$では、X線回折パターンは分散前の原料粉と同等で結晶性が維持されていますが、周速が$13 m\cdot s^{-1}$では回折強度が著しく低下しており、結晶性が失われてアモルファス化したと考えられます。また、同時に粒子凝集が生じたことも報告されています[1)]。

一般論ですが、1次粒子は衝撃力によって粉砕されますので、衝撃力を極小

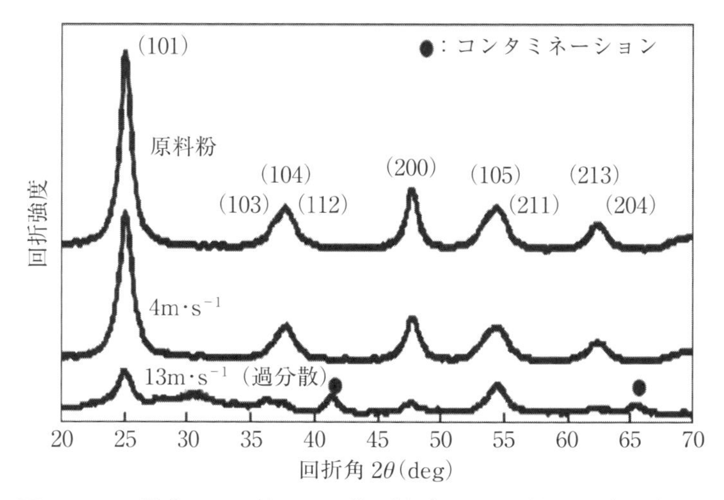

図2-48　二酸化チタン粒子のX線回折パターンに対するビーズミル分散時の周速の影響[1)]（13 m・s^{-1} では過分散が生じている）

化して分散することを考える必要があります。

超音波分散機やロールミルを使用すれば、衝撃力はほとんど作用しません。高圧噴射式分散機でも、作用部を衝突モードではなく、オリフィスからの噴出など、せん断・引き伸ばしモードにすれば、衝撃力の作用は回避できます。

近年、微小ビーズを使用し、アジテーターの周速（回転数）をできるだけ遅くして、多量の微小ビーズで粒子凝集体をもみほぐすように微粒化するビーズミルが上市されています。Q2-6-12で説明した微小ビーズを使用するビーズミルでは、媒体分離機構に遠心力を利用していましたが、アジテーターの周速を遅くするとビーズに作用する遠心力も小さくなりますので、分離が困難になります。低周速で運転するタイプでは、**図2-49**[2)] に示すように、別の駆動軸でメッシュスクリーンを高速で回転させるなどして、メッシュへのビーズの接近と詰まりを防止するように工夫されています。このような分散機の運転の仕方はマイルド分散などとも呼ばれ[3)]、過分散の防止とナノ分散の両立を図る有力な手段と考えられます。

図2-50に図2-48の二酸化チタン粒子の分散速度と到達粒子径の関係を示します。周速13m・s^{-1}では初期の微粒化速度は大きいものの、過分散が生じて到

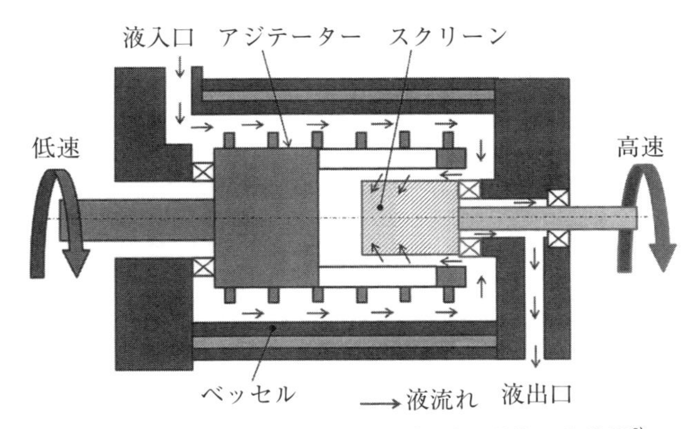

図 2-49　スクリーンメッシュ回転型の媒体分離機構[2)]

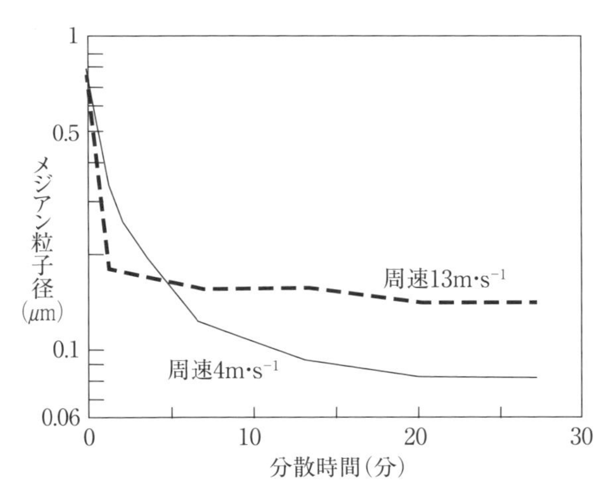

図 2-50　過分散に対するビーズミル周速の効果
（出典：アシザワファインテック（株）技術資料をもとに作成）

達分散度は100nm以上であるのに対し、$4m\cdot s^{-1}$（マイルド分散）では微粒化速度は低いですが、最終的には70nm付近まで微粒化できています。

1)　針谷香，石井利博，山際愛，飯岡正勝，橋本和明：2005年度色材研究発表会講演要旨集 20B20（2005）
2)　中村徳秀：平成28年度色材分散講座テキスト，p.27（2016）
3)　石井利博：J. Jpn. Soc. Colour Mater.（色材），87，p.209（2014）

Q 2-6-14

分散工程でコンタミが混入しないようにするには、どのような点に注意すればよいでしょうか？

A2-6-14

コンタミ（コンタミネーション）には、分散機内壁や分散媒体の一部が摩耗・破損により分散液に混入する「装置コンタミ」と、先に生産した分散液が洗浄不十分により、分散機や配管に残留し混入する「クロスコンタミ」があります。前者はビーズやボールなどの媒体を用いない無媒体（メディアレス）分散機を用いることで軽減できます。後者は、装置・配管を十分に分解洗浄することが必要です。

装置コンタミについては、無媒体分散機を用いた場合でも、例えば高圧噴射式分散機では逆流防止弁、プランジャーポンプ摺動部、ノズルからのコンタミの発生可能性が示唆されています[1)]。また、分散対象粒子の硬度が高い場合には、粒子分散液の流動により、装置接液部や配管が摩耗して混入する可能性もあります。

クロスコンタミは、先に生産したものが装置内に残留して生じ、洗浄不足や洗浄が困難な箇所が装置内に存在することが原因です。回転軸のシール部分やギヤポンプ内部、配管のベント部などが洗浄困難な箇所に該当します。これは媒体分散方式でも無媒体分散方式でも起こり得ます。分解洗浄を念入りに行う、生産品の生産順序を調整し、先の生産品が仮に残留しても重大な影響がでないようにする、などの工夫が必要です。また、装置選定、設置時には洗浄性を十分に考慮することが必要です。

1)　小林芳則：J. Jpn. Soc. Colour Mater.（色材），87，p.198（2014）

Q 2-6-15

分散時の温度は分散液の品質に影響しますか？

A2-6-15

答えは「影響します」なのですが、影響するメカニズムは様々です。代表的なものは下記の①～③です。また、日本の夏は高温多湿なので、気温が高いことの影響と考えている現象の中に、湿度が高いことによる影響が含まれていることがあります。その代表的な例が下記の④～⑥です。

・温度の影響

①分散機の適正粘度域からの逸脱

分散剤やバインダー樹脂などの高分子を含むビヒクルの粘度は、一般的に高温になるほど低下します。すなわち、夏場は粘度が低く、冬場は高くなります。せん断力が主体の分散機で、冬場に粘度が最適になるように配合設計した場合には、夏になると粘度が低下して、せん断力も低下し、分散度が上がらなくなる、というような現象です。逆に、元々は粘度が高すぎたのが、粘度が低下して分散が良くなることもあります。

②分散剤の吸着不良

分散剤などの吸着は、発熱的な強い相互作用を伴わないと進行しません(Q1-4-1の表1-3)。温度が高くなるほど、発熱を伴う現象は進行し難くなりますから、吸着も進行し難くなり、分散安定化が阻害されます。

③水性系における分散剤の脱水和

非イオン性の界面活性剤や、多くの水性系用高分子分散剤の親水性部分は、ポリオキシエチレン鎖$\left(CH_2-CH_2-O\right)_n$です。ポリオキシエチレン鎖の水和はエーテル結合の酸素原子と水分子の水素結合です。ポリオキシエチレン鎖は温度が高くなると脱水和することが知られており、非イオン性界面活性剤では脱水和で不溶化する温度を「曇点」と呼びます。疎水部の構造にも依存しますが、40℃以下の曇点を示す非イオン性界面活性剤も存在します。高分子分散剤でも脱水和は同様に生じますので、夏場に冷却が不十分で水性ミルベースの温度が高くなると、高分子分散剤の脱水和が生じて、分散不良の原因となります。

以上は、温度が直接影響するメカニズムですが、夏・冬の差異には、温度の他に、もう1つ湿度という要因があります。日本の夏は高温多湿ですので、粒子表面に空気中の水分が吸着し、次のような現象が生じやすくなります。

・湿度の影響

④非極性粒子の濡れが良化

炭素系粒子や有機顔料など、非極性で表面張力の低い粒子の表面張力が、吸着水の影響で上昇し濡れが良くなり、分散速度が大きくなります。

⑤金属や金属酸化物粒子の分散（安定性）が良化

金属や金属酸化物粒子表面に吸着した水が解離して、金属原子に結合した水酸基が生成します。これらの水酸基は酸性もしくは塩基性ですので、有機溶剤系での高分子吸着が生じやすくなります（Q2-4-5参照）。一般的には、分散安定化が進行し、分散は良化します。

水の吸着は分散工程だけでなく、原料粒子を保管している間にも進行します。高温多湿の倉庫で長期間保管された粉体粒子原料と、製造直後のものの分散性が全く違っていたことはよくあります。

⑥冷却による結露水の混入

冷却が過剰の場合、ミルベースに空気中の水分が凝縮して混入します。有機溶剤系の粒子分散液の場合には、これが分散剤の吸着や溶解性に影響を及ぼします。分散が良化するか悪化するかは、粒子分散液の組成に依存します。

第3章

粒子分散液を使う

第3.1節　粒子分散液で生じる不具合現象

Q 3-1-1

粒子分散液の貯蔵中に粘度が増加するのですが、何が原因でしょうか？ どうすれば解決できますか？

A3-1-1

まず、増粘が粒子の分散状態の変化によるものか、分散ビヒクルの変化によるものかを見極める必要があります。これは粘度変化のずり速度依存性から判断します。それぞれの原因によって**表3-1**に示すような対策を講じます。

表3-1　増粘の原因と対策

流動曲線における増粘の状況	増粘のメカニズム	考えられる原因、確認事項
低ずり速度側の増粘が、高ずり速度側より著しい	分散安定性不足で、粒子成分のフロキュレートが進行	・分散剤は粒子に適しているか ・分散剤量は足りているか ・分散剤とバインダー成分との相溶性は問題ないか ・分散剤の溶剤への溶解性に問題は無いか
低ずり断速度側も高ずり断速度側も、比較的同等に増粘	分散ビヒクル（連続相成分）の増粘	・主剤と硬化剤が反応していないか ・溶剤は減少していないか（隙間から揮発していないか）

粒子分散液の粘度η_{disp}を、分散ビヒクル（粒子が懸濁されている連続相）の粘度$\eta_{vehicle}$と、粒子が存在することによる影響（粒子の体積分率ϕの関数）の2つの項からなる式（粘度式）で表す試みが数多くなされています。粘度式の例を式①～③に示します。

$$\eta_{disp} = \eta_{vehicle} \cdot (1 + 2.5\phi + a\phi^2 + b\phi^3 + \cdots) \qquad \text{式①}$$

$$\eta_{disp} = \eta_{vehicle} \cdot e^{\frac{Ke\phi}{1-\frac{\phi}{\phi_m}}} \qquad \text{Mooney式} \qquad \text{式②}$$

$$\eta_{disp} = \eta_{vehicle} \cdot \left(1 - \frac{\phi}{\phi_m}\right)^{-Ke\phi_m} \qquad \text{K-D (Krieger-Dougherty) 式} \qquad \text{式③}$$

a,bは定数、Keは分散粒子の形状に関係する因子、ϕ_mは最密充填体積分率です。

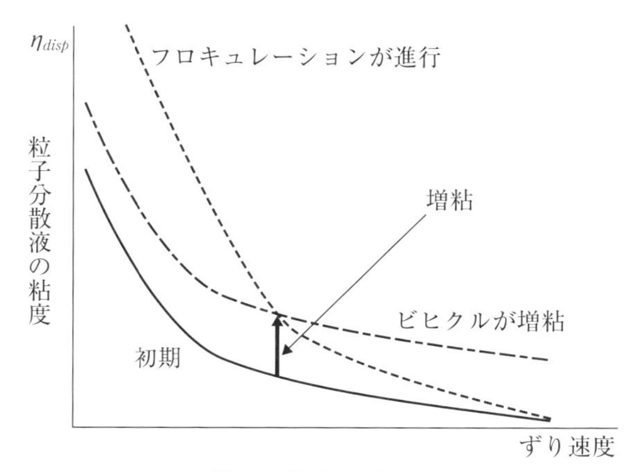

図 3-1　粒子分散液の増粘とその原因

ここでは、式そのものの議論はしませんが、大事なのは、どの式も粒子分散液の粘度η_{disp}が、分散ビヒクル粘度$\eta_{vehicle}$と粒子の体積分率ϕの関数の積になっている点です。このことから、粒子分散液の粘度は、分散ビヒクルの粘度が増加しても、粒子の分散状態が変化しても、変化すると言えます。タイトルは増粘になっていますが、減粘も同様です。

例えば、初期の流動曲線が**図 3-1** の実線のような状態であったとします。粒子の分散安定性が不十分で貯蔵中にフロキュレートが形成された場合には、図3-1の破線のように、低ずり速度側で粘度増加（増粘）が著しく、高ずり速度側では比較的粘度増加が少ないことが一般的です。

一方、連続相であるビヒクルの粘度が上昇した場合には、図3-1の一点鎖線のように、ずり速度の全領域で同程度の粘度上昇が観測されます。この場合にはビヒクルの粘度上昇を抑制するような対策が必要となります。

それぞれの要因に応じて、表3-1に示す項目を確認して、対策を講じます。

このように、前者と後者ではメカニズムも対応策も異なりますが、図3-1中の矢印で示したように、ずり速度一点での粘度変化では区別が付きません。少なくとも低ずり速度と高ずり速度（ずり速度を10倍程度に取ることが多い）の2点での粘度測定が必要です。

Q 3-1-2

粒子の沈降分離を防ぐにはどうすればよいですか？

A3-1-2

粒子の比重や分散液の粘度にもよりますが、一般的な粒子分散液では、おおむね粒子径が１μｍ以下で、分散安定性が十分であれば沈降を防止できます。逆に１次粒子径が１μｍ以上であるような粒子は、増粘剤（沈降防止剤）などを使用して、分散液の粘度を大きくしておかないと沈降してしまいます。

分散液中の粒子には2種類の力が作用しており、その相対的な大きさにより、粒子が沈降するかしないかが決まります。2種類の力の1つは重力です。この力しか作用していないのであれば、どんなに微粒化しても、全ての粒子は必ず沈降するはずです。もう1つの力は、熱運動している周りの液体分子の衝突する力です。この力によって粒子は、不特定の方向に絶えず運動をします。この運動は「ブラウン運動」と呼ばれます。ブラウン運動は不特定の方向への移動ですから、この運動による移動距離が重力による沈降距離よりも大きくなれば、実質的に粒子は沈降しません。

ビヒクル中の粒子の沈降速度νに関して、次のストークス式が成立します。

$$\nu = \frac{2a^2(\rho - \rho_0)g}{9\eta} \qquad \text{式①}$$

式①で、g：重力加速度、ρ：粒子比重、a：粒子半径、ρ_0：ビヒクル比重、η：ビヒクル粘度です。粒子半径aが大きいほど、沈降速度νは大きくなります。

ブラウン運動は不特定方向への移動なのですが、時間tかかって、ビヒクル中を粒子が移動する平均距離dは次式で表せます。

表3-2　沈降とブラウン運動による粒子の移動距離と粒子径の関係

粒子径	100 μm	10 μm	1 μm	100 nm	10 nm	1 nm
沈降	1.6 mm	16 μm	160 nm	1.6 nm	16 pm	1.6 fm
ブラウン運動（平均移動距離）	30 nm	94 nm	300 nm	940 nm	3.0 μm	9.4 μm

粒子は$\rho=4$の真球、ビヒクル相は$\rho_0=1$、$\eta=10$ mPa･sとして計算
mm、μm、nm、pm（ピコメーター）、fm（フェムトメーター）の順に1,000分の1ずつ小さくなる。

$$d=\sqrt{2Dt}$$ 式②

$$D=\frac{kT}{6\pi\eta a}$$ 式③

Dは拡散係数と呼ばれます。式③で、k：ボルツマン定数、T：絶対温度、a：粒子半径、η：ビヒクル粘度です。ブラウン運動では、粒子半径aが小さいほど移動距離dが大きくなります。

表3-2に、比重$\rho_0=1$、粘度$\eta=10$mPa･sの液体中（水に少量の高分子を溶解したビヒクルを想定）での、比重$\rho=4$の球状粒子（二酸化チタンを想定）について、沈降およびブラウン運動による1秒間の移動距離と、粒子径との関係を比較します。温度は27℃（300K）です。

沈降しないためには、沈降よりブラウン運動のほうが、移動距離が大きくなればよいので、半径では1μmより少し小さめ、直径にすればおおむね1μm程度というのが目安となります。逆に言えば、これより1次粒子径が大きければ、いくら分散して安定性が良くても、必ず沈降してしまいます。

沈降を避けるためには、増粘剤[1,2]（沈降防止剤）などを用いて粘度を大きくするしかありません。粘度が100倍になれば、式①から沈降距離は100分の1になるのに対し、ブラウン運動による移動距離は式②、式③から、10分の1にしかなりません。粘度が高くなるほど沈降そのものが遅くなると同時に、ブラウン運動が優勢になるということです。

1）　小林敏勝：「わかる！使える！塗料入門」, p.60, 日刊工業新聞社（2018）
2）　小林敏勝：「塗料大全」, p.166, 日刊工業新聞社（2020）

Q 3-1-3

同じ粒子でも分散度を高くすると分散液の粘度が高くなり、ボテボテとした流動性を示すのはなぜですか？

A3-1-3

微粒化が進めば、粒子とビヒクルとの界面の面積が増加します。界面というのは、元来、不安定ですから、その面積を減らそうとします。手っ取り早いのは、粒子同士が凝集すればよいので、微粒化が進むほどフロキュレートを形成しやすくなります。Q1-2-2で説明したようにフロキュレートが形成されると、粒子分散液は擬組成流動となり、ボテボテとした流動性を示します。

対策としては、粒子とビヒクルとの界面が増加する分、分散剤の量を増加させます。Q2-5-9で説明したように、分散剤の配合量は粒子の表面積に比例します。粒子径が2分の1になれば、所要分散剤量は2倍になります。

通常の微粒化では、増粘も分散の進行に伴い徐々に進行しますが、過分散（Q2-6-13参照）が生じると、変化が急激に生じます。この場合は、1次粒子の粉砕による粒子表面の活性化が原因ですから、分散機アジテーターの回転数を低下させたり、活性点に作用する分散剤を添加したりする対策が必要です。

逆に、このような対策を講じておけば、必ずしも分散度を高くしても粘度は増加する訳ではありません。

Q 3-1-4

分散液を静置しておくと、上のほうに透明の液体が分離して、下のほうはゲル化したのかプリンやババロアのような状態になってしまいます。

A3-1-4

粒子分散液の分散安定性が不十分な時、フロキュレートが形成されることはQ1-2-1やQ1-2-3で説明しました。形成の初期では構造は分散液中の局所局所で形成されますが、時間の経過とともに分散液全体に広がり、やがて**図3-2a**のように網目構造が縮まって、連続相の一部が網目構造から押し出される結果、上部は透明、下部はプリンやババロアのような状態になります。この現象は「離漿（りしょう）」と呼ばれ、沈降分離とは異なる現象です。

離漿（syneresis）の原因はフロキュレートの形成ですから、分散安定性を改良する対策が必要です。

粒子が大きくて比重が大きい場合には、Q3-1-2で説明したように、粒子の分散安定性が良好でも沈降しますので、上部が透明な液層で、下部に粒子層が分離します（沈降分離）。離漿と外見は似ていますが、粒子凝集に対する安定化が十分であればフロキュレートは形成されないので、沈降した粒子層に含まれる溶剤は、吸着している高分子の溶媒和分だけとなり、離漿に比べ少量です（**図3-2b**）。

沈降層は、非常に硬いハードケーキと呼ばれる層になることがあります。沈降層がハードケーキとなるか否かは、吸着高分子の溶媒和の程度や高分子の硬さ（ガラス転移温度）に依存します。沈降層は粒子の自重で圧縮されていくのですが、高分子の溶媒和が乏しい場合に、沈降層はほとんど粒子と高分子だけになります。この時、高分子が結晶性であったりガラス転移温度が高かったりして硬ければ、ハードケーキとなる訳です。

ハードケーキになると、撹拌等の操作では容易に再分散しません。

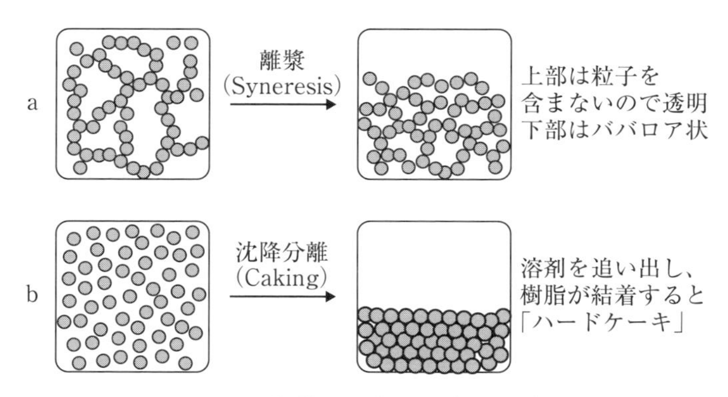

図 3-2　離漿と沈降分離（Caking）

この場合には、沈降を防止する対策が必要ですから、増粘剤などを用いて分散液の粘度を増加させる必要があります。この目的で使用される増粘剤は、「沈降防止剤」と呼ばれることもあります。また、沈降は完全に防止できないにしても、沈降層はハードケーキとならず、簡単な撹拌で再分散できるように、分散剤や沈降防止剤を処方することも行われます。

複数の粒子に橋かけ的に吸着したり、分散剤分子同士で会合することにより、粒子分散液の粘度を上昇させると同時に粒子分散（安定化）効果も併せ持った分散剤も存在します。

「ゲル化」という言葉は、高分子などが3次元架橋して、溶剤に対して膨潤はするものの、溶解性はなくなる現象を指します。粒子分散液では、バインダー樹脂などが反応してゲル化することはあり得ますが、反応性のない高分子と粒子、溶剤で構成されている場合は、ゲル化は生じません。容易に再分散しないフロキュレートや沈降粒子層（ハードケーキ）を指してゲル化と呼ぶことがありますが、溶剤や分散剤を追加して念入りに混錬すれば、再分散するはずです。

Q 3-1-5

低温で保管したほうが粒子分散液の変化が少ないのはなぜですか？

A3-1-5

分散安定化に必要な高分子の吸着は発熱反応ですので、低温にするほど脱着しにくくなり、分散安定性は増大します。また、Q3-1-2の式③から低温のほうが拡散係数は小さく、ブラウン運動による粒子同士の衝突が生じにくくなります。以上のことから、フロキュレーションによる粘度増加や粗大凝集体の生成のような変化が少なくなります。

増粘や沈降など、粒子分散液の変化の主要因は粒子同士の凝集です。一般的な粒子分散液では、粒子が凝集するのを、分散剤などの高分子が吸着して防止していますが、吸着のドライビングフォースは酸塩基相互作用（有機溶剤系）や疎水性相互作用（水系）といった発熱的な相互作用です。

発熱的な相互作用で吸着しているのですから、高温下で保管すると高分子が脱着し、粒子凝集の可能性が高くなります。低温で保管することで、高分子の脱着が起こりにくくなります。

また、Q3-1-2の式③から、高温になるほど粒子のブラウン運動は激しくなるので、粒子同士が衝突して凝集する可能性は高くなります。

熱硬化型バインダー樹脂などが粒子分散液に含まれている場合には、バインダー樹脂の反応も、低温で保管することで抑制されるはずです。

以上のことから、粒子分散液は、溶剤が凍結しない範囲内で、できるだけ低温で保管するべきです。

ただし、水性系でイオン性の分散剤を用いている場合には、クラフト温度[1]以下では分散剤の溶解性が低下して分散安定性不良になるので注意が必要です。

1）森山登：「分散・凝集の化学」、p.20、産業図書（1995）

Q 3-1-6

粒子分散液にバインダー樹脂を加え、透明な被膜を形成したいのですが、白濁してしまいます。

A3-1-6

最も可能性が高い原因は、微粒化の度合いが不十分なことです。白濁は粒子状成分が光を散乱することにより生じ、散乱効率は粒子径が光の波長の２分の１の時に最大になります。可視光の波長はおおむね400～800nmですから、その２分の１は200～400nmとなり、分散粒子径はこれよりも十分小さくしておく必要があります。

粒子が光を散乱する効率は、粒子と連続相との屈折率差、および粒子径に依存します。屈折率差が大きいほど、散乱効率は大きくなります。また、粒子径が光の波長のおおよそ半分の長さの時に散乱効率は最大になり、それ以上でも以下でも散乱効率は低下します。**図3-3**は塗膜中の二酸化チタン粒子（屈折率は2.5～2.7）について、可視光領域の光に対する散乱係数をMie理論に基づいて計算した結果です。粒子径が各波長のおおよそ半分で最大になり、光波長が短くなるほど、ピークが鋭くなっています。

白濁を少なくするためには、可視光波長の散乱が最大となる200～400nmより、粒子径を大きくするか、小さくするかのどちらかなのですが、大きくすると沈降したり被膜表面が凸凹になったりしますので、ほとんどの場合は小さくします。白濁を視認できない程度にするためには、粒子や連続相の屈折率にもよりますが、粒子径を50 nm付近まで小さくする必要があります。

粒子分散液を混ぜるのですから、光を散乱する粒子は分散液に含まれる粒子の可能性が高いです。しかし、まれに、粒子分散液に含まれる添加剤や高分子とバインダー樹脂との相溶性が不良で、一方が粒子状に析出している場合もあります。この場合も、軽微ではあるものの白濁を生じます。

粒子分散液単独では十分に微粒化されていても、分散剤とバインダー樹脂の

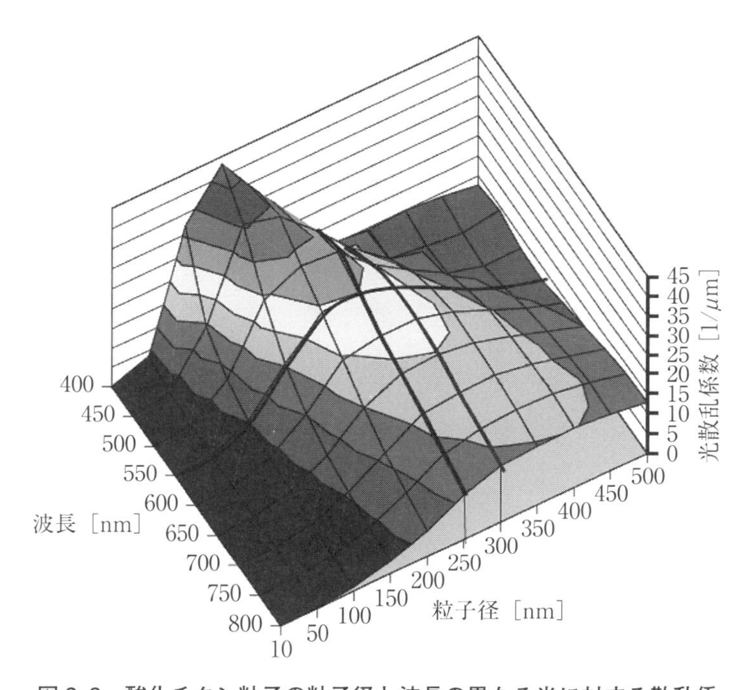

図 3-3　酸化チタン粒子の粒子径と波長の異なる光に対する散乱係数の関係[1)]

相溶性不良が原因で、粒子同士の凝集によって粒子径が増大し、白濁することも考えられます。

また相溶性に問題が無くても、粒子分散液とバインダー樹脂の高分子濃度に大きな差があると、混合の仕方によっては、溶解ショック（Q3-2-6参照）で粒子が凝集し、白濁することもあります。

粒子が赤や青色など有彩色である場合、白濁は彩度（色の鮮やかさ）の低下にもつながります。

1）F. Tiarks, T. Frechen, S. Kirsch, J. Leuninger, M. Melan, A. Pfaua, F. Richter, B. Schuler, C.-L. Zhaod：Prog. Org. Coatings, 48, p.140（2003）

Q3-1-7

粒子分散液にバインダー樹脂を加え、塗布して基材表面を隠ぺいしたいのですが、透けてしまいます。

A3-1-7

被膜に入射した光が被膜を横断して基材表面に到達し、基材表面で反射されて、再び被膜を横断して観察者の目に届く、という一連の光路の途中で直進光が無くならないと、基材表面が透けて見えてしまいます。
透けないようにするには、**図3-4**に示すように、被膜中の粒子が直進光を全て「①散乱」するか、「②吸収」する必要があります。②の吸収が有効なのは黒色被膜だけで、他の色では①の散乱を用いる必要があるので、粒子径を200～400nmにします。

Q3-1-6で説明したように、散乱効率を最大にするためには粒子と連続相との屈折率差をできるだけ大きくした上で、分散液の粒子径を可視光波長の半分程度、すなわち200～400nmにします。光を全て散乱すると、被膜は白色となります。二酸化チタン粒子（屈折率：2.5～2.7）が白色顔料として多方面で使用

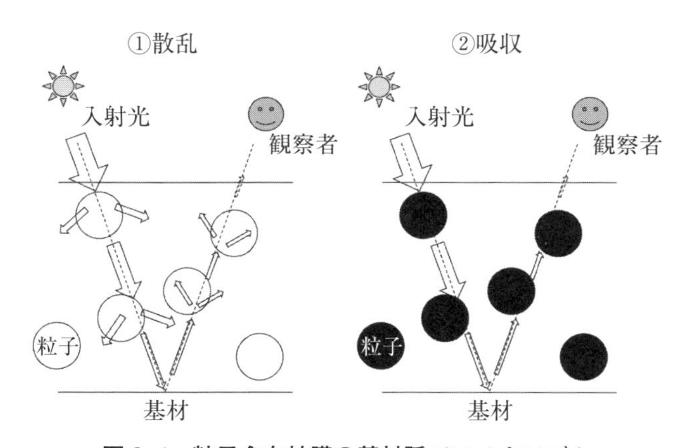

図3-4　粒子含有被膜の基材隠ぺいメカニズム

されるのは、比較的安価、かつ安全な粒子の中で、一番屈折率が高いからです。他に、酸化亜鉛（屈折率：2.0）が白色顔料として使用される場合もあります。

②の吸収による場合は、粒子は光を吸収する物質で構成されている必要があります。可視光を全ての波長にわたって吸収すると、被膜は黒色となります。有機の黒色粒子としてはカーボンブラック、無機の黒色粒子としては低次酸化チタン、四三酸化鉄、鉄-クロム系複合金属酸化物、鉄-マンガン系複合金属酸化物などが知られています。光の吸収効率を大きくするためには、粒子径をできるだけ小さくして表面積を大きくします。

赤や青など有彩色に着色した粒子は、その色の補色に対応する波長の光を吸収しますが、その他の波長の光は吸収しません。したがって、有彩色では光の吸収だけでは隠ぺいは困難です。

分かりやすい例を示します。教科書の重要な部分を暗記するために、重要部分を緑色のマーカーでマーキングしておいて、赤色のシート越しにその部分を見ると語句が見えなくなる現象を利用された方も多いかと思います。マーキングの無いところは赤色のシート越しでも読むことはできます。これは赤色のシートを透過した光が用紙の白色の部分で反射されて、シート越しに目に届くので、光を反射しない黒い部分（文字）との反射率の差で文字が認識できるからです。赤色の補色は緑色なので、緑色の光は赤色のシートで吸収されてしまいます。用紙の白色部が緑色でマーキングされていると、反射された緑色の光が赤色のシートで吸収されて反射光が無くなってしまい文字部と同じ黒色となって見えなくなる（隠ぺいされる）のです。

したがって、有彩色の粒子を用いて隠ぺいするためには、吸収されない光を散乱して直進させないようにする必要があります。その粒子の色によりますが、200～400nm の粒子径となるように分散させます。散乱光は白色ですから、結果的に、有彩色の被膜で基材隠ぺい性のあるものは白味を帯びた被膜になってしまいます。

第 3.2 節　粒子分散液と何かを混ぜる

Q 3-2-1

1つ1つ単独で保管している安定な2つの粒子分散液を混合すると、凝集して沈降したり、粘度が増加したりします。

A3-2-1

原因として考えられるのは、粒子分散液を構成するビヒクル成分（分散剤、溶剤、バインダー樹脂）間の混合安定性（相溶性、溶解性）不良と、2つの粒子電荷が正・負の組み合わせになっていることです。

ビヒクルは溶剤、分散剤、バインダー樹脂などで構成されていますが、これら成分間の相互の相溶性や溶解性、混合性を、**表3-3**に基づいて1つ1つチェックします。分散剤やバインダー樹脂の相溶性の確認方法は、Q3-2-2を参照してください。粒子分散液が購入品で、配合が不明な場合には、上記のチェックは難しいのですが、例えば、粒子を遠心沈降法などで分離して得たビヒクル同士について、混合した際に白濁や増粘、分離などの不具合が生じないかをチェックするなどが可能な時もあります。

表3-3のチェック表で、1つでも不良な組み合わせがあると、混合された粒子分散液の不安定化の要因になります。影響が著しい場合には、粒子の凝集沈降や、フロキュレートの形成による擬塑性流動化、増粘が生じます。また、このように顕著な変化がなくても、貯蔵中や塗布乾燥時に一部の粒子分散液が分離、偏在することもあります。

表 3-3　ビヒクル構成成分間の親和性チェック表

粒子分散液 A ＼ 粒子分散液 B	分散剤 b	バインダー樹脂 b	溶剤 b
分散剤 a	相溶性	相溶性	溶解性
バインダー樹脂 a	相溶性	相溶性	溶解性
溶剤 a	溶解性	溶解性	混合性

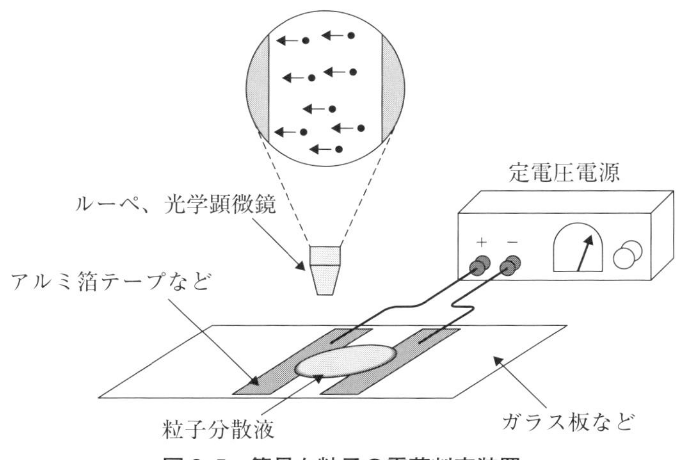

図 3-5　簡易な粒子の電荷判定装置

粒子の電荷は、表面官能基の解離や溶剤との摩擦帯電など、種々の要因で生じます。一般論ですが、酸性度の大きな粒子は負に帯電しやすく、塩基性度の大きな粒子は正に帯電しやすい傾向にあります。また、Q2-4-2の図2-19に示すように、有機溶剤中であっても粒子は帯電し、その電荷は溶剤のルイス酸塩基性度に応じて変化します。異なる符号の粒子が混在すれば、共凝集が生じて、凝集沈降やフロキュレーションの原因となります。Q2-3-7の式①で示すように、静電荷間の引力は水中より有機溶剤中のほうが大きいので、電荷の影響は有機溶剤系のほうが深刻です。

粒子の帯電傾向は、**図3-5**に示すような簡易な仕掛けで、正か負か、電荷は大きいか小さいか程度の判別が可能です。測定は、ガラス板に5～10 mmの間隔を空けて、導電性アルミ箔テープを貼り、定電圧電源に接続します。粒子分散液を溶剤で希釈して、テープとテープの間に垂らし、電圧を印加して、移動方向と移動の速さを観測します。電圧の大きさは、溶剤や粒子濃度によって異なりますので、最初は徐々に印加してください。なお、発煙・火災・感電などの事故が生じても、自己責任でお願いします。

高分子分散剤やバインダー樹脂の相溶性は、どうすれば評価できますか？ また、どのような基準で組み合わせれば、良い相溶性が得られるのでしょうか？

A3-2-2

混合した時の白濁の有無で判断します。SP値（第１章1.4節参照）が近い者同士ほど、分子量が小さい者同士ほど良好な相溶性が得られます。

バインダー樹脂同士や高分子分散剤同士の相溶性をチェックする場合は、固形分で等量となるようサンプル瓶などに入れて混合します。溶剤を含んでいても構いません。バインダー樹脂と高分子分散剤の相溶性をチェックする場合は、4：1程度の混合比も追加してください。

この時点で、混合液が分離、白濁したり、粘度が異常に増加したりする組み合わせは、相溶性が著しく不良です。さらに、混合液をガラス板やPETフィルムなど、透明で平滑な基材に、ドクターブレードやバーコーターなどの適当な手段で塗布します。溶剤が揮散した後のフィルムについて、分離、白濁や表面の異常な凹凸がないかをチェックします。異常があるものは、やはり相溶性不良です。液の状態では、溶剤の助けがあって問題は顕在化しないかもしれませんが、塗布、乾燥時に粒子の凝集や被膜表面の荒れ、収縮、亀裂などを生じる可能性があります。バインダー樹脂が熱硬化型の場合は、フィルムを加熱して硬化させてから判定をします。

良好な相溶性を得るための基本的な考え方は、溶解性パラメーター（SP）値をQ1-4-6で紹介した濁度滴定法で計測するか、サプライヤーに問い合わせ、SP値の近いもの同士を組み合わせます。同じ化学構造であっても、分子量が大きくなるほど、SP値差に対する許容幅は狭くなりますから（Q1-4-5）、可能であれば、分子量の低いほうを選択します。

Q 3-2-3

粒子分散液に用いられる添加剤には、どのような種類のものがありますか？ 粒子の分散に影響しますか？

A3-2-3

粒子分散液を含有する製品の用途、使用目的は多岐に渡りますから、添加剤の種類や機能も膨大な数になります。粒子分散液としての課題解決のために使用される添加剤は、分散剤、湿潤剤、レオロジーコントロール剤、消泡剤、防腐剤が挙げられます。
下記のように、程度の差はありますが影響する可能性はあります。

分散剤に関しては、第2章2.5節を参照ください。湿潤剤は、ビヒクルの表面張力が高くて低極性粒子表面との濡れが不良な時に添加される分散剤の一種です。主に低分子界面活性剤が該当しますが、比較的低分子量の高分子化合物にも効果を示すものがあります。この両者に関しては、分散へ影響することはいうまでもありません。

レオロジーコントロール剤は、添加目的によって、沈降防止剤、増粘剤、チキソトロピック剤、タレ止め剤などとも呼ばれます。機能としては、粒子分散液の高ずり速度での粘度はあまり上昇させずに、低ずり速度での粘度を増加させます。粒子の沈降や液のタレは、ずり速度の非常に小さな（10^{-2}～10^{0} s^{-1}）現象ですから、低ずり速度での粘度を増加させることで抑制できます。

一方、塗布や印刷のずり速度は比較的高い（10^{3} s^{-1}以上）ですから、この領域での粘度上昇を抑制することで、良好な作業性が維持できます。市販されているレオロジーコントロール剤の分類例を表3-4に示します。化学構造や組成は異なりますが、構成成分の粒子や分子が液中で緩い力で会合体を形成し、印加されるずり速度に応じて、離れたり会合したりするのは共通しています。この会合のドライビングフォースは、水素結合や疎水性相互用なので、粒子分散液を構成する粒子や分散剤との相互作用も生じ得ます。粒子とレオロジーコン

表3-4　レオロジーコントロール剤の分類

種　類		具体例
無機系（有機変性品もあり）	シリカ系	フュームドシリカ、沈殿法シリカ、珪藻土
	粘土鉱物系	ベントナイト、セピオライト、アタパルジャイト
	炭酸カルシウム系	重質炭酸カルシウム、軽質炭酸カルシウム
有機系	ワックス系	水添ひまし油系、酸化ポリエチレン系、アマイド系
	セルロース系	カルボキシメチルセルロース（CMC）、ヒドロキシエチルセルロース（HEC）、エチルセルロース（EC）
	ポリウレタン系	ポリエーテル変性ウレタン化合物、疎水変性ポリオキシエチレン-ポリウレタン共重合体
	ポリアクリル酸系	ポリアクリル酸塩、アクリル酸-メタクリル酸共重合体

トロール剤の相互作用が生じると、フロキュレーションや凝集につながります。また、分散剤とレオロジーコントロール剤が相互作用すると増粘効果が低下します。粒子表面を分散剤できちんと被覆する、分散剤は余らせておかない、などの注意が必要です。

水性系ビヒクルは表面張力が高いので、撹拌や塗工時に空気が巻き込まれて泡が発生し、発生した泡によって、液が容器から溢れたり、塗工欠陥が生じたりします。このような時に、泡が速やかに破れてなくなるようにするのが消泡剤です。消泡剤として使用されるのは、アクリル系や、シリコーン-アクリル系の比較的低分子の化合物です。粒子分散との関係では、ビヒクルの表面張力を低下させますので、濡れの改善につながります。

レオロジーコントロール剤、消泡剤の詳細については他の書籍[1,2]を参照ください。

防腐剤は主に水性系で使用されます。防腐剤としては、イソチアゾリン系、イミダゾール系、スルファミド系、ピリジン系、金属塩系などが市販されています。単独でブツ（Seeding）となる他、粒子や分散剤などと特異的に会合体を形成することもあります。

1）小林敏勝：「わかる！使える！塗料入門」、pp.60-63、日刊工業新聞（2018）
2）小林敏勝：「塗料大全」、pp.166-179、日刊工業新聞（2020）

Q 3-2-4

エマルション樹脂やディスパージョン樹脂など、分散型の樹脂をバインダーとして用いる場合の注意点を教えてください。

A3-2-4

分散型の樹脂は溶解していないので、粒子への吸着による分散安定化作用はなく、ミルベースには添加しません。また、分散後にミルベースに添加する場合にも、ミルベースの粒子と分散型樹脂粒子との間で、分散剤（乳化剤）の争奪や相溶性不良、粒子同士の凝集が生じることがあるので、分散剤の種類と配合量、それぞれの粒子電荷の符号などのチェックが重要です。

水性系ではアクリル樹脂エマルションやウレタン樹脂エマルション、有機溶剤系では非水ディスパージョン（NAD：Non-Aqueous Dispersion）樹脂がバインダー樹脂として使用されます。エマルション樹脂は乳化重合で合成されたものを指し、ディスパージョン樹脂は有機溶剤中での溶液重合法で合成された後、水や貧溶剤中に機械的に分散（後乳化と呼ぶこともある）されたものを指すことが多いようです。

これらの樹脂は連続相に溶解していないので、粒子に吸着してもQ2-2-7の図2-9に示すようなメカニズムによる反発力は生じず、分散安定化には寄与しません。また、分散機にかけると分散状態が変化して凝集や分離析出の可能性がありますので、ミルベースへは配合しません。バインダー樹脂として使用する場合は、分散終了後のミルベースに混合します。

エマルション粒子やディスパージョン樹脂粒子の表面には、界面活性剤（乳化剤）が吸着しているか、樹脂の親水性官能基（イオン性官能基やポリオキシエチレン鎖のような非イオン性の新水性官能基）が露出して、分散状態を維持しています。後者は自己分散型と呼ばれます。このようなバインダー樹脂とミルベースを混合した場合に生じる可能性のある現象としては、

①ミルベース中の粒子と分散樹脂粒子の間で、分散剤や乳化剤の争奪が生じて、一方の表面から他方の表面へ移動する。結果的に取られたほうの粒子が凝集やフロキュレーションを生じる。
②ミルベース中の粒子と分散樹脂粒子の電荷が逆で、共凝集により凝集沈降やフロキュレーションを生じる。
③ミルベースの分散剤と分散樹脂の相溶性が不良で、乾燥後に粒子とバインダー樹脂が分離する。
④水性系エマルション樹脂バインダーには、2,2,4-トリメチル-1,3-ペンタンジオールモノイソブチレート（CS-12）のような造膜助剤が含まれ、これは界面活性能がある高沸点有機溶剤なので、粒子に対する分散剤の疎水性相互作用による吸着を阻害し（Q2-3-5参照）、結果的に粒子の分散安定性不良による分散度低下、フロキュレーションなどを生じる。

などが考えられます。

①を防止するためには、分散剤や乳化剤の量を過不足なく処方しておくことが必要です。バインダー樹脂を混合する前に、ミルベースに分散剤や乳化剤を添加しておくのも1つの方法です。水性系での分散剤吸着のドライビングフォースは疎水性相互作用です。粒子が無機粒子の場合、低極性の樹脂粒子表面のほうが分散剤の居心地が良いので、無機粒子から分散剤が脱着して樹脂粒子表面へ移動することがあります。

②はミルベース中の粒子と樹脂粒子が、同じ種類の電荷同士になるように、配合修正、銘柄変更を行います。

③はミルベース中の分散剤とバインダー樹脂分散液を混合し、塗布、乾燥させて外観を観測、バインダー樹脂単独で乾燥させたものと比較します。分離や異常な膜の凹凸がある場合は要注意です。なお、分散型樹脂は乾燥しても、膜が透明にならないものもあるので、白濁の有無は目安にならない時があります。問題が生じないように配合修正、銘柄変更を行います。

④は、ミルベースにバインダー樹脂を徐々に加えるようにすることで軽減される場合もあります。影響が著しい場合は配合修正、銘柄変更を行います。

Q 3-2-5

複数の粒子分散液を、ディスパーなどを用いて念入りに混合しても、特定の粒子だけが分離して上部に浮いてきたり、容器壁周縁部に集まったりします。

A3-2-5

分散剤吸着層も含めた粒子表面の性質（SP値、極性）の違いで、特定の粒子が分離している場合と、粒子同士のフロキュレーションで離漿（Q3-1-4参照）が生じ、フロキュレート形成に関与せず、連続相に均一に分布している粒子が、分離したように見える場合があります。

前者については、まず、それぞれの粒子分散液に使用されている高分子分散剤の相溶性不良が疑われます。可能であれば、Q3-2-2に記載した方法で相溶性をチェックしてください。溶媒和部の化学構造が同種の分散剤を使用するのが基本です。

粒子表面の性質の違いによる分離現象は、水性粒子分散系でよく生じます。また、容器周縁部に分離するような場合は、容器がプラスチック製であったり、金属製であっても内壁が腐食防止のために高分子（塗料）で被覆されていることが多く、このような材質に共通するのは低極性であるということです。また、容器中の粒子分散液は上部が空気と接していますが、空気も極性が低い物質です。水は極性の高い物質なので、極性の低い粒子は水の中にいるよりも低極性物質と接しているほうが居心地が良いので、容器壁や上部に低極性粒子、例えば炭素系粒子や有機顔料が集ります。対策としては、分散剤を全ての粒子にしっかりと吸着させて、吸着層を含めた粒子最表面の極性を揃えておくことです。

後者の粒子同士のフロキュレーションが原因の場合には、3種類以上の粒子混合系でフロキュレート形成に関与しない（分散安定性が良い）粒子種が分離します。溶剤・水性系を問わず分離現象が発生し、分離するのは低極性粒子に限らず、分散安定性が良い粒子が分離します。対策としては、フロキュレーションが生じないように、分散剤の吸着などで全ての粒子の分散安定性を改善します。

Q 3-2-6

分散終了後のミルベースに、バインダー樹脂や硬化剤を混ぜると、分散度が低下したり、粗大な凝集体が発生したりします。

A3-2-6

分散終了後に混合されるバインダー樹脂や硬化剤は、一般的にミルベースに含まれる高分子成分（分散剤、バインダー樹脂）の濃度より高濃度な溶液（ワニス）の形態で投入されます。攪拌工程で濃度が均一になるのですが、投入直後から攪拌するまでの時間が長いと、下記に述べるような濃度差が原因のメカニズムで粒子凝集が生じます。この現象は「溶解ショック」または「希釈ショック」と呼ばれます。解決のためには、ミルベースを攪拌しながら、徐々にバインダー樹脂や硬化剤のワニスを投入し、急激な濃度変化が生じないようにします。また、分散だけであれば、ミルベースは粒子、分散剤、溶剤だけでよいのですが、濃度差を小さくするためにバインダー樹脂もミルベースに含めることも有効です。

分散終了後のミルベースに、樹脂ワニスや硬化剤を混合する工程を、塗料製造などでは溶解（Letdown）工程もしくは希釈工程と呼びます。また、溶解工程で生じることが多い粗大凝集体はブツ（Seeding）と呼ばれます。

図3-6を用いて、凝集のメカニズムを説明します。図3-6の左側は希薄なミルベースを、濃厚な樹脂ワニスに投入した直後の状態を示しています。濃度差を解消するために、ミルベースの溶剤や粒子は樹脂ワニスへ、樹脂ワニスの高分子はミルベースへ向かって移動（拡散）しますが、溶剤分子は小さいので、高分子や粒子に比べると非常に速く移動します。結果的に、図3-6右側のように、ミルベースの溶剤は樹脂ワニスに吸い込まれ、「逃げ遅れた」粒子や分散剤は1カ所に押し込まれて凝集してしまいます。

このメカニズムによる凝集は、ミルベースを攪拌しながら、樹脂ワニスを少しずつ加えて高分子濃度が急激に変化しないようにすれば回避できます。ただ

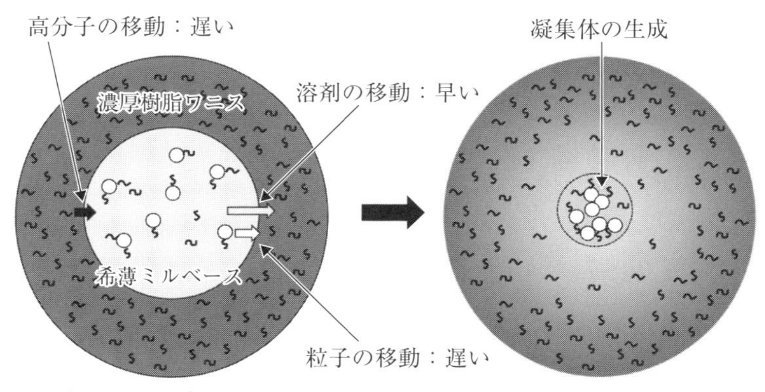

図3-6　濃厚樹脂溶液でミルベースを希釈した際の凝集メカニズム

し、生産工程を考えると、ミルベースの受けタンクと樹脂ワニスの計量タンク、混合タンク（ミルベースの受けタンクで兼用可能）を準備する必要があります。一方、あらかじめ混合タンクに樹脂ワニスを秤取しておき、このタンクでミルベースを受けて、所定量のミルベースが入った後に撹拌機にかければ、1つのタンクで済み合理的です。

生産工場では後者の方法を選択したくなるのですが、樹脂ワニスの入ったタンクに初期に流れ込んだミルベースは、図3-6の状態に置かれます。手間がかかりますが、前者の方法を採用するべきです。

また塗料製造などでは、ミルベースにあらかじめ溶解工程で投入するバインダー樹脂の一部を加えておき、溶解工程での高分子の濃度差を小さくするような工夫もされています。

Q 3-2-7

分散終了後のミルベースに、溶剤を加えて希釈すると、凝集体が生成したり、流動性が悪くなったりします。

A3-2-7

粒子に対する高分子（分散剤やバインダー樹脂）の吸着は平衡反応で、ビヒクル中に吸着しないで存在する量（平衡濃度）に応じて、粒子表面に吸着している量は変化します。一般的には平衡濃度が増加するほど吸着量は増加し、ある濃度以上で飽和します。粒子表面に吸着している高分子の量が一定以上でないと、裸の粒子表面が露出して凝集してしまいます。希釈時に大量の溶剤を一度に加えると、局所的に高分子の平衡濃度が低下して、吸着している高分子がその平衡濃度に対応する量まで減少（脱着）し、粒子が凝集する結果、粗大な凝集体が生成したり、凝集力が弱い場合にはフロキュレートが生成して流動性が悪化します。一度に多量の溶剤をミルベースに加えるのは避けるべきです。

2つの分散剤Aと分散剤Bについて、平衡濃度と吸着量との関係が、それぞれ図3-7の実線と破線のような関係であったとします。このような平衡濃度と吸着量との関係を示す曲線を、「吸着等温線」と呼びます。

分散時のミルベース中の濃度（C_m）では、どちらの分散剤を使用したミルベースでも、これ以下では分散安定性を維持できないという限界吸着量（Γc）よりも、吸着量が多いので、粒子の分散安定性は保たれています。溶剤を加えて設計濃度（C_d）まで希釈しても、やはり吸着量はΓc以上ですので、分散安定性は確保されています。ミルベースを攪拌しながら徐々に溶剤を加えた場合、C_mからC_dへの変化は連続的に、かつ、滑らかに進行します。

一方、工場作業のように大スケールで扱う際にありがちな、ミルベースに一度に溶剤を加えたり、溶剤にミルベースを投入したりすると、局所的・一時的ではあるものの、平衡濃度がC_lまで低下する場合があります。使用されている

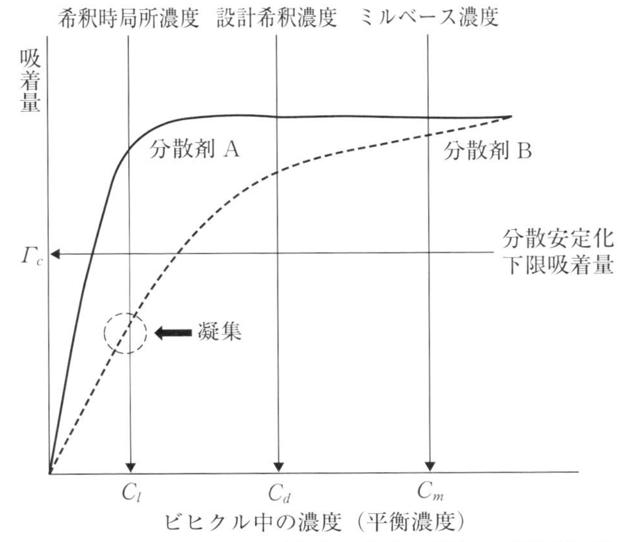

図3-7　ミルベースの溶剤希釈に伴う分散剤の吸着量変化と分散安定性

分散剤が分散剤Aであれば、依然として吸着量はΓc以上ですので、分散安定性は確保されますが、分散剤Bであれば、吸着量はΓc以下となり、凝集が生じてしまいます。凝集の程度により、ブツ（Seeding）が発生したり、フロキュレートの形成により、擬塑性流動となって粘度が増加したりします。

対策としては、Q3-2-6と同様に、ミルベースを撹拌しながら徐々に溶剤を加えるか、分散剤Aのように、吸着量が低平衡濃度で飽和してしまい、使用濃度範囲では濃度変化にあまり依存しない分散剤を用います。

バインダー樹脂は粒子に対しアンカー作用がある官能基を持っている場合、分散安定化効果はあるのですが、一般的に分散剤Bのような吸着等温線となります。一方、Q2-5-7の図2-29に示した直鎖型分散剤や、くし型分散剤には、粒子の表面性質に依存しますが、分散剤Aのような吸着等温線を示すものが多数存在します。

第 3.3 節　粒子分散液を塗工する

Q 3-3-1

粒子分散液を塗工する装置・方法にはどのようなものがありますか？

A3-3-1

インク、塗料、ペーストなど呼称は異なりますが、粒子、溶剤、高分子（分散剤、樹脂）を含む粒子分散液であるという点は共通しています。したがって、印刷機、塗装機、コーターと呼ばれるものが該当します。印刷機、塗装機、コーターの主なものを、**表3-5**に示します。

表 3-5　各種塗工機

塗工方法		塗工装置	備考
印刷	版を使い、文字、図、写真パターンを形成	凹版（グラビア） 凸版（フレキソ・活版） 平版（オフセット） 孔版（スクリーン）	粘度　低 ⇩ 粘度　高
	版を用いず、インクを吐き出して、文字、写真、パターンなどを形成	インクジェット ディスペンサー	オンデマンド対応
塗装	大面積で、複雑な形状の基材を被覆	エアスプレー エアレススプレー ベル型塗装機 浸漬塗装 電着塗装	塗料粒子と被塗物間の電界で塗着効率増を図るものもある（静電塗装）
コーター	板状やコイル状の基材を均一膜厚で被覆	キャピラリーコーター スピンコーター ロールコーター カーテンフローコーター ダイコーター リップコーター	
簡易塗工機	実験室、少量試作	刷毛、バーコーター、ドクターブレード	

塗工装置・方法によって、塗工液の適正な粘度が異なります。また、流動性もニュートニアン流動に近いほうが良いものと、擬塑性流動のほうが好ましいものがあります。一般的には、スクリーン印刷やエアレススプレー、ダイコーターなどのように厚膜で塗工する装置は擬塑性流動が適しているようです。

表3-6　代表的なコーター

コーター名	原理	膜厚(μm)	粘度(mPa·s)	ライン速度(m/min)
キャピラリーコーター		0.1～5	1～15,000	0.2～20
スピンコーター		0.01～	～10,000	N.A.
ダイコーター		3～300	50～50,000	1～300
リップコーター		15～80	100～50,000	0.1～400

N.A. = Not Applicable

塗工装置の1つ1つについて解説をすると、膨大な紙面が必要ですし、本書の趣旨でもありませんので、印刷[1)]、塗装[2)]の詳細については他の書籍を参照ください。

表3-6に代表的なコーターについて、塗工の原理、塗工可能膜厚、塗工液の適正粘度、ライン塗工する際のライン速度を示します。キャピラリーコーターやスピンコーターは低粘度の塗工液を薄膜で塗工するのに適しているのに対し、ダイコーターやリップコーターは高粘度の塗工液を厚膜で塗工するのに適しています。スピンコーターは原理上、ライン塗工には適していません。

1) 日本印刷学会編：「印刷事典」，印刷朝陽会／印刷学会出版部（2002）
2) 石塚末豊，中道敏彦　編：「塗装ハンドブック」，朝倉書店（1996）

Q 3-3-2

同じ粒子分散液であっても、塗工装置の違いによって、膜の状態が変わってしまいます。

A3-3-2

塗工装置によって、塗工時に粒子分散液に作用するずり速度が異なります。粒子がフロキュレートを形成していたり、共凝集していたりすると、ずり速度によってほぐれ方が異なるので、膜の状態も異なってしまいます。

例えば、カーテンフローコーターでは比較的ずり速度が低いですし、ロールコーターは高いずり速度で塗工されます。

Q1-2-7の図1-10aのような流動曲線の粒子懸濁液を、ずり速度の低い装置で塗工した場合には、**図3-8**に示すように、フロキュレートが残っていますから、液のレベリング性が悪く、表面の粗度が大きくなります。また、乾燥被膜の粒子充填密度は低くなります。一方、高いずり速度の塗工機を使用した場合には、塗工が終わってもすぐにはフロキュレートは回復せず、粘度は低いままです。そのため、表面はレベリングで滑らかになりますし、乾燥被膜の粒子充

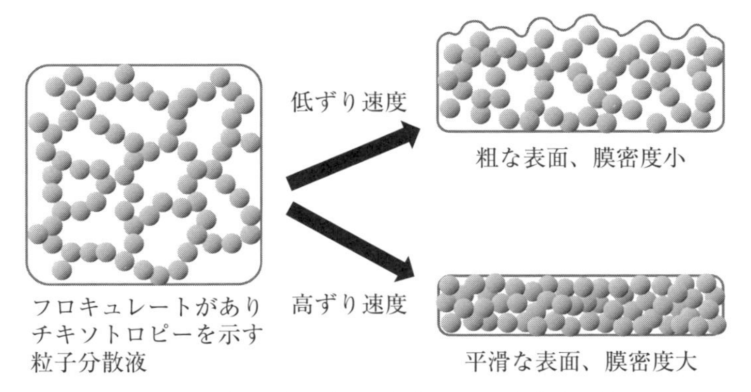

図 3-8　塗工機のずり速度差による造膜性の差

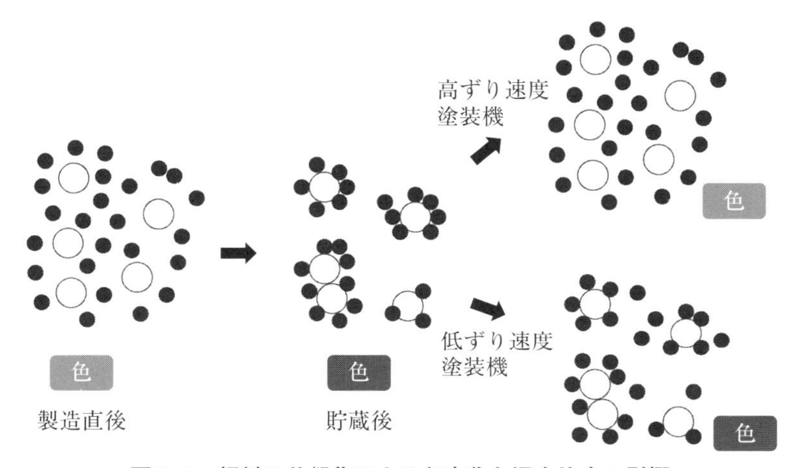

図3-9　顔料の共凝集による色変化と混合比率の影響

填密度は高くなります。

異種粒子が共凝集すると、量の多いほうの粒子が、少ないほうの粒子の表面を覆い隠すように凝集体を構成します。塗料を例にとって説明します。黒色顔料（カーボンブラック・負電荷）と白色顔料（二酸化チタン・正電荷）を混合してグレー色の塗料を作成したとします（**図3-9**）。製造直後は凝集体がないのですが、分散安定性が不良で、貯蔵中に静電引力による共凝集が生じると、黒が多い時には図3-9のような凝集体を形成します。このとき、白い粒子表面が黒くなりますから、塗料は本来の色よりも黒くなります。図中には色のイメージも示しています。白い粒子が多ければ、黒い表面が白で隠されますから、本来の色よりも白くなります。

このような状態の塗料を、ずり速度の大きな塗装機で塗工すると、凝集体がほぐれて本来の色に近くなりますが、ずり速度の小さな塗装機だと、凝集体が残ったままで本来の色とは異なった黒い色になってしまいます。共凝集体のほぐされる程度は、塗工機のずり速度に依存しますから、上記の中間的な色になる場合もあります。このような原因で生じる色違いは、塗料ではよくあるクレームの1つです。ここでは、色という切り口で説明しましたが、粒子表面が関与する機能には共通する現象です。

Q 3-3-3

粒子分散液を基材に塗布すると、図 3-10 のように基材の周縁部や塗布膜のところどころが、塗布膜で覆われていなかったり、膜厚が薄かったりします。

A3-3-3

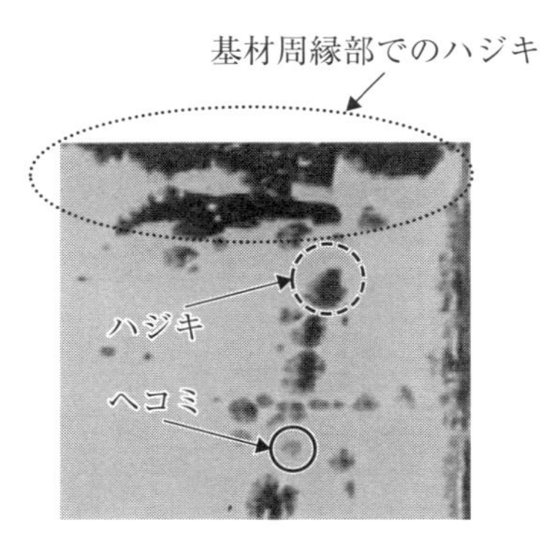

図 3-10[1]　塗布膜のヘコミ、ハジキ

粒子分散液に限らず、液体を固体表面に塗布する際に生じる現象です。液体の表面張力が大きいほど生じやすいので、界面活性剤の添加などで粒子分散液の表面張力を低下させます。

塗料の世界では、基材表面が完全に露出している場合をハジキ、露出はしていないが膜厚が局所的に薄くなっている場合をヘコミと呼びます。

均一に塗布しても、少し時間が経つと**図3-10**のような状態になることがありますし、最初から図3-10のような状態にしか塗布できないこともあります。特に、薄膜で塗布しようとした際に顕著です。

メカニズムを**図3-11**に示します。固体表面に液滴を垂らすと、Q1-4-9の図1-20に示したように、固体の表面張力γ_Sと液体の表面張力γ_Lに応じて定まる接触角θを取って、平衡になり、これらの数値の間にはQ1-4-9の式⑤が成立します。

塗布直後は図3-11①のように液量が十分にあるので、基材の隅々まで液が行き渡っていますが、溶剤の揮散に伴い液層の量が減少すると（図3-11②）、

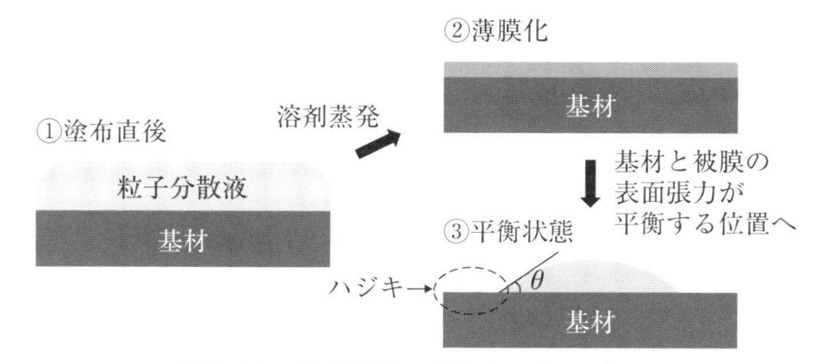

図 3-11　塗布膜のハジキのメカニズム

その量（体積）に応じた接触角になるまで、液層は収縮し、結果的に基材表面が露出してハジキになります（図3-11③）。初めから薄膜であれば、すぐに図3-11③の状態になるので、「上手く塗れない」ことになります。

基材を固定して考えると（γ_Sを固定）、Q1-4-9の式⑤で、θを小さく（$\cos\theta$を大きく）してハジキを軽減しようとすれば、γ_Lを小さくすることになります。すなわち液の表面張力を下げるような界面活性剤を添加します。逆に言えば、表面張力の大きな液はハジキやすい訳です。水性系の液がハジキやすいのは、水の表面張力が大きいためです。

基材の表面張力γ_Sが低いとハジキが出やすいのですが、基材表面に油やシリコーン樹脂などの低表面張力物質が異物として付着し、それを起点として、ハジキが生じることもあります。また、ヘコミは、塗布後の液膜に低極性物質が飛来して付着し、その周囲の液層だけが付着物質に対してハジキを生じて発生することがあります。これらは「異物ハジキ[2)、3)]」と呼ばれます。

粒子懸濁液として取り得る対策の1つは、上述の界面活性剤による表面張力の低下です。もう1つは、Q3-2-3の表3-4に示すようなレオロジーコントロール剤を用いて、塗布後、急速に粘度を上昇させて流動性をなくし、平衡位置まで収縮できないようにします。

1）Byk 社資料
2）小林敏勝：「わかる！使える！塗料入門」、p.152、日刊工業新聞（2018）
3）小林敏勝：「塗料大全」、p.337、日刊工業新聞（2020）

Q 3-3-4

粒子分散液の粘度が低すぎるので塗工時にタレてしまいます。高くしたいのですが、どうすればよいですか？

A3-3-4

粘度が高ければタレは抑えられますが、粘度が低くないと塗工性の悪い塗工装置も多く存在します。したがって、Q3-2-3の表3-4に示したようなレオロジーコントロール剤を用いて、粒子分散液を擬塑性流動（Q1-2-7参照）にし、低ずり速度（タレは10^{-2}～10^{-1} s^{-1}）では高粘度、高ずり速度（例えば、スプレー塗装では10^{5}～10^{6} s^{-1}）では低粘度になるようにします。

レオロジーコントロール剤は、構成成分の粒子や分子が、水素結合力や疎水性相互作用で会合体を形成し、印加されるずり速度に応じて離れたり会合したりするので、分散剤や分散液中の粒子との相互作用に注意が必用です。

粒子分散液に含まれる溶剤やバインダー樹脂、分散剤、粒子の種類によって、効果や副作用（粒子の分散安定性に対する影響）があったり、なかったりしますので、タイプの異なるレオロジーコントロール剤を試してみる必要があります。また、複数種類のものを併用することも行われます。

さらに、レオロジーコントロール剤を用いると、表面の平滑性が損なわれることがあり、レベリング剤もしくは表面調整剤と呼ばれる添加剤を処方することもあります。

セラミックス粒子や金属粒子の分散液で、有機物の配合量をできるだけ低く抑えたい、コストの制約、新規材料採用に伴う諸性能評価作業が膨大、などの理由で、粒子の分散安定性を不十分な状態とし、フロキュレートを形成させて、粒子分散液を擬塑性流動にすることがあります。しかし、Q1-2-4で説明したように、これは困難で綱渡り的な作業です。

第3.4節　粒子分散液を乾燥・固化させる

Q 3-4-1

粒子分散液を塗布・乾燥させると表面が白くぼやけた状態になってしまいます。粒子の分散状態と関係ありますか？

A3-4-1

表面が白くぼやけた状態になるのは、表面で光が散乱されるからで、ほとんどの場合は表面の凹凸が原因です。その他にも、空中の水分が塗布膜に取り込まれて生じることがあります。

表面の凹凸の原因として粒子が関係するのは、粒子の分散度が低い場合（Q1-2-5の図1-7（a））や、分散安定性が不良な場合です。分散安定性が不良な場合、高ずり速度での塗工時や、乾燥時の溶剤蒸発などで凝集体を生じることがあります。また、フロキュレートの生成している粒子分散液を、ずり速度の低い塗工方法で塗布した場合にも、レベリング不良で白くぼけたようになることがあります（図3-8）。

対策は、分散度を上げるとともに、フロキュレートの形成や凝集がないように分散安定化を図ります。表面調整剤を添加するとレベリングが良くなり、白ぼけが改善される場合もあります。

粒子の存在は直接的には関係しませんが、「ブラッシング（Blushing）[1]」と呼ばれる現象があります。「かぶり」、「白化」とも呼ばれます。高温高湿環境で、蒸発潜熱と蒸発速度の大きな溶剤を用いて塗工作業を行うと生じやすく、被膜表面が白くぼやけて霞がかったような状態になります。原因は、溶剤の蒸発潜熱で被膜が冷却され、大気中の水分が凝結して、水滴が被膜表層に侵入するためです。水が蒸発した後も、水滴の部分がそのまま空洞となって残って凹凸を形成したり、閉じ込められた空気との屈折率差で光を散乱したりします。

対策としては、水と混合し、水より蒸発速度が小さい溶剤を20～30％添加するか、基材を予熱して温度が低下しても露点以下にならないようにします。

1）小林敏勝：「塗料大全」、pp.339、日刊工業新聞（2020）

Q 3-4-2

２つの粒子分散液を混ぜて作成した塗布液を、塗付して乾燥させると、表面に一方の粒子だけが浮いてきました。なぜですか？

A3-4-2

被膜表面は空気と接しています。空気は極性の非常に小さな気体ですので、低極性の粒子が空気に引かれて被膜表面に集まることがあります。特に水性系では、ビヒクルの極性が高く、低極性の粒子はビヒクル中の居心地が悪いので、この傾向が顕著です。

例えば、二酸化チタン（白色、高極性）と銅フタロシアニン（青色、低極性、Q1-4-13の表1-5）を、それぞれ分散させて作成した2つの水性塗料を混合して、水色の塗料を作成します。塗布・乾燥させると、上記のメカニズムで銅フタロシアニン粒子が浮いて、本来の水色よりも表面が濃い水色になることがあります。

塗料では、このような現象が生じているか否かを判定するために、**図3-12**に示したラビング（Rubbing）試験、もしくはラブアウト（Rub Out Test）試験と呼ばれる評価を行います。粒子懸濁液を適当な基材に塗布し、一定の時間放置します。ある程度溶剤が揮散して被膜が半乾きの状態になったら、被膜の一部を指先で強く、かつ基材から除去しない程度に擦って、被膜中の粒子分布

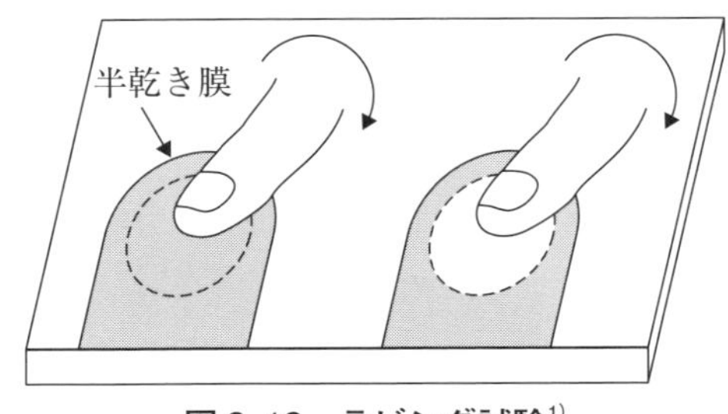

図 3-12　ラビング試験[1)]

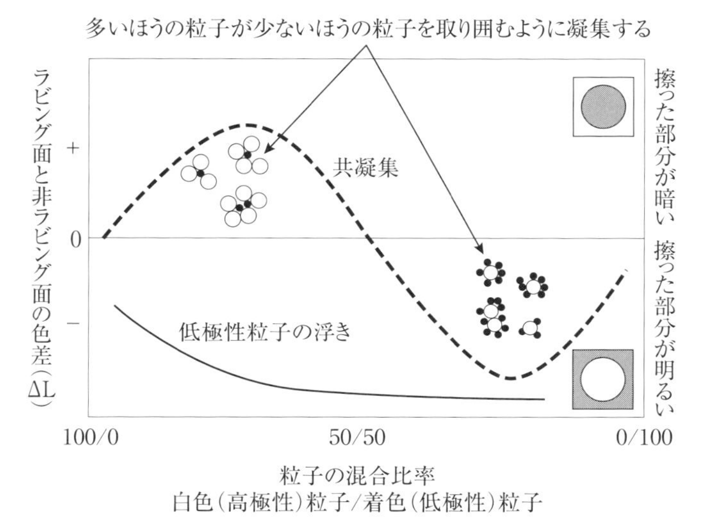

図3-13　顔料の混合比とラビング試験結果

を均一にします。上記の水色の塗料の場合、擦った部分は本来の水色ですが、擦らなかった部分は表面に青色の銅フタロシアニン粒子が浮いているので、擦った部分より青く見えます。

このような現象を回避するためには、粒子表面を分散剤などの吸着で被覆し、吸着層を含めた最表面の極性は、どの粒子も同等となるようにします。

ラビング試験は、複数種類の粒子が共凝集（Q3-3-2の図3-9）している場合には、共凝集を解す効果もあるので、ラビング試験の結果だけでは、特定の粒子が被膜表面に浮いているのか、共凝集しているのか判断がつきません。共凝集の場合には、多いほうの粒子が少ないほうの粒子を覆い隠すように凝集するので、粒子の混合比率を変えてラビング試験を行うと、**図3-13**のように、擦った部分の色変化の方向が逆転します。一方、浮いている場合には、このような逆転現象は生じません。

1）中道敏彦：「よくわかる顔料分散」，p.77，日刊工業新聞社（2009）

Q 3-4-3

複数の粒子が混ざっている塗布液を塗布して乾燥させると、被膜表面に微細なまだら模様が発生します。これは何ですか？

A3-4-3

溶剤の蒸発に伴い、被膜中に多数のベナードセルと呼ばれる溶剤の対流の渦が生じ、それぞれの渦の中で溶剤の流れに乗って粒子が移動します。溶剤が無くなると流れは止まるのですが、低極性の粒子が低極性の空気によって渦の中心部にトラップされて留まり、他の粒子は渦の周縁部に比較的多く存在するので、まだら模様に見えます。

粒子分散液を塗布した後、溶剤は被膜表面から蒸発します。被膜内部の溶剤は、蒸発速度が小さい場合には被膜中を拡散して表面に到達するのですが、蒸発速度が大きいと、拡散では間に合わないので対流が生じます。この対流に粒子が乗って、被膜中を移動します。

被膜の厚みに対して、面積は圧倒的に大きいので、対流の渦は被膜の至るところで生じます。被膜中の対流の1つの単位をベナードセルと呼びます（**図3-14**）。セル中央部から溶剤の流れに乗って粒子が湧き上がり、セル周縁部から再び被膜中に戻っていきます。空気は低極性で、空気と接する被膜表面には

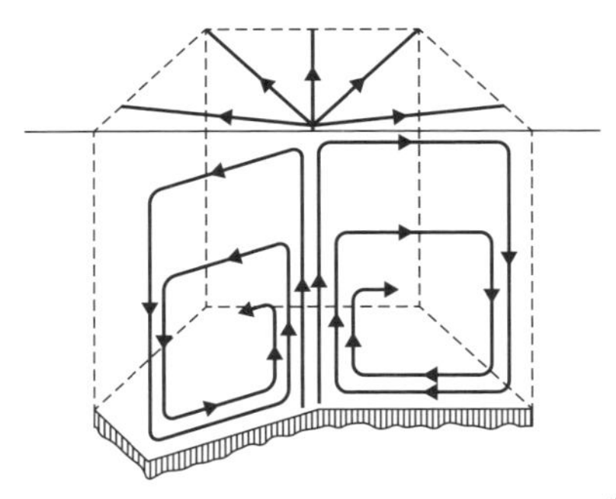

図3-14　ベナードセルと溶剤の渦流動[1)]

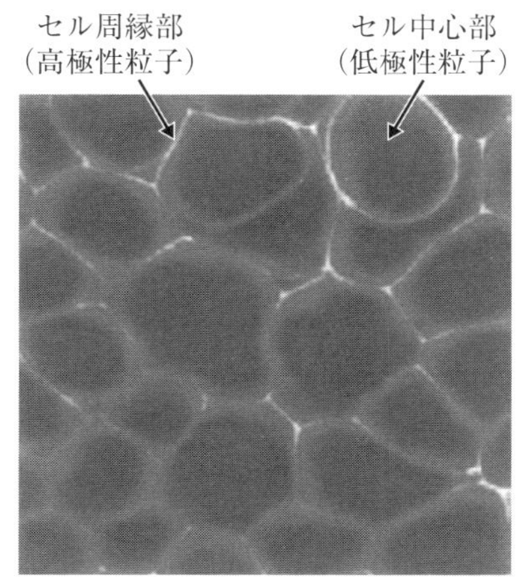

図 3-15　ベナードセルによる皮膜表面のまだら模様 [2)]

低極性粒子が集まりやすいことを、Q3-4-2で説明しました。複数種類の粒子が混在し、一方の表面が低極性で、もう一方の表面が高極性の場合、セル中央部から湧き上がった粒子のうち、低極性の粒子は極性の低い空気にトラップされて表面にとどまり、高極性の粒子は流れに乗って移動を続けます。溶剤が少なくなり、塗膜の粘度が高くなると、対流は停止するのですが、塗膜表面は対流の痕跡をとどめ、**図 3-15**のようなまだら模様を呈します。

基本的な対策としては、Q3-4-2と同様に、粒子表面を分散剤などの吸着で被覆し、吸着層を含めた最表面の極性は、どの粒子も同等となるようにするのですが、実用的には表面調整剤[3, 4)]を処方し、乾燥過程で被膜最上層を表面調製剤が覆うことにより、症状が大幅に緩和されます。

また、蒸発速度の遅い溶剤を混ぜる、加熱乾燥であれば、乾燥温度を低くすることも効果が期待できます。

1) 大藪權昭：「コーティング領域の界面制御」, p.40, 理工出版（1988）
2) Byk 社資料
3) 小林敏勝：「わかる！使える！塗料入門」, p.62, 日刊工業新聞社（2018）
4) 小林敏勝：「塗料大全」, p.176, 日刊工業新聞社（2020）

Q 3-4-4

水性系の粒子分散液の塗布・乾燥時に、有機溶剤系に比較して、注意しなければならないことはありますか？

A3-4-4

水性系用の分散剤の大半が、吸着のドライビングフォースとして疎水性相互作用を利用しています。疎水性相互作用は、Q2-3-6で説明したように水が存在して初めて作用しますので、乾燥して水がなくなれば、相互作用もなくなってしまいます。粒子分散液の状態では、非常に安定で凝集や沈降などが一切なくても、乾燥後の被膜が軟らかくて、粒子が動ける場合には、分散剤が作用しないので、粒子が凝集したりフロキュレートを形成したりすることがあります。

水性系用分散剤でアンカーとして作用する疎水性官能基は、長鎖アルキル基やフェニル基、ナフチル基などですが、一部の高分子分散剤では含窒素芳香族環であるピリジニウム基やイミダゾール基を疎水性アンカーとして持っています。これらの官能基は、水が存在する間は疎水性相互作用で粒子に吸着し、水がなくなると塩基性官能基として引き続き吸着に関与するため、炭素系粒子（疎水性・弱酸性）などの水性系ビヒクルへの分散に優れた効果を示します。

また、スチレン-マレイン酸共重合体（SMA）系の分散剤は、疎水性のフェニル基に隣接してマレイン酸由来のカルボキシル基が存在するので、やはり水雰囲気でのフェニル基による疎水性相互作用から、非水雰囲気でのカルボキシル基による酸塩基相互作用に移行します。このため、塩基性、両性の粒子に対して優れた分散安定性を示します。

水は、表面張力が高いので、基材上でのハジキや、飛来物質によるヘコミ・ハジキを生じやすく、注意が必要です（Q3-3-3参照）。また、蒸発潜熱が大きい割には沸点が低いので、突沸しやすく、加熱乾燥時に被膜にピンホールを生じることがあります。

Q 3-4-5

バインダー樹脂だけであれば、基材への密着性に問題はないのですが、粒子分散液と混合すると密着性が低下しました。どのような原因が考えられますか？

A3-4-5

過剰の分散剤による界面剥離と、粒子濃度が高すぎて膜が脆くなったことによる膜の凝集破壊が考えられます。

剥離部位によって、原因が異なります。

基材と塗布被膜の界面で剥離が生じたのであれば、粒子に吸着していない余剰の分散剤が粒子分散液中に存在し、それが塗布・造膜時に界面へ移行して密着性を阻害したと考えられます。阻害のメカニズムは、分散剤自体の存在によるウィークバンダリー（Weak Boundary）の形成、バインダーと基材の密着の要因である酸塩基相互作用（水素結合を含む）や化学結合を、分散剤が一方と（もしくは両方と）反応して阻害、などが考えられます（図3–16）。

また、密着とは別の不具合現象ですが、粒子に吸着していない分散剤が膜中で会合して親水性のドメインを形成し水を呼び込む結果、被膜の膨れなど耐水性不良の原因となることもあります。

分散剤の配合量は必要最小限にしておくことが重要です。

被膜の凝集破壊であれば、粒子濃度が高過ぎて、被膜の凝集力が低下し、脆くなった可能性があります。一般論ですが粒子の体積濃度が50%前後になると、膜の凝集破壊が生じやすくなります。

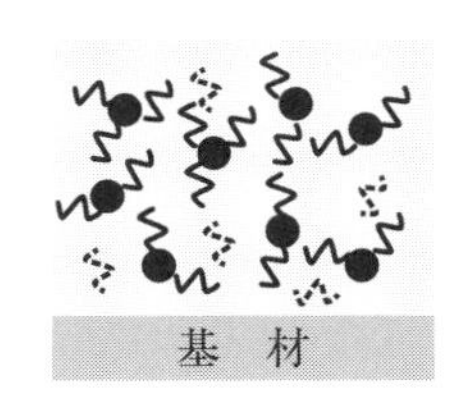

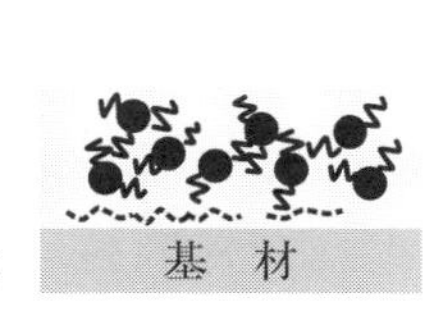

図 3–16　吸着していない過剰の分散剤による界面剥離

Q 3-4-6

粒子分散液と混合すると、バインダー樹脂の硬化不足、貯蔵中の増粘、可使時間（２液型の場合）の変化などが生じることがあります。

A3-4-6

系中に酸や塩基が存在すると、多くの硬化反応は促進されたり、阻害されたりします。分散剤には、比較的高強度の酸性や塩基性の官能基がアンカーとして含まれています。特に有機溶剤系用の分散剤には、必ずと言ってよいほど含まれています。したがって、これらの分散剤を含有する粒子分散液と混合することによって、バインダー樹脂の硬化反応が影響を受けることがあります。

例えば、メラミン樹脂とポリオール樹脂の組み合わせは1液の加熱硬化型組成物によく用いられますが、その架橋反応には酸触媒が必要です。炭素系粒子や有機顔料粒子の分散には塩基性の分散剤が有効なのですが、多量に加えると、酸触媒が作用し難くなって硬化阻害が生じます。逆に、酸性度の大きな分散剤が多量に含まれると、貯蔵中に反応が進行して増粘する可能性があります。イソシアネート樹脂とポリオール樹脂からなる2液硬化型組成物では、３級アミノ基がウレタン化反応に対し触媒効果を示します。塩基性分散剤の多くが３級アミノ基を含みますので、これらの分散剤を使用すると、2液混合後の可使時間（ポットライフ：Pot Life）が短くなることがあります。

強酸や強塩基のアンカーを持つ分散剤のほうが、粒子分散そのものには効果が高いです。しかし、上記のような理由で系の酸塩基性雰囲気を変えると不具合が生じる場合には、分散剤の配合を必要最小限にするとともに、中和型の分散剤の使用も検討します。

中和型の分散剤とは、酸性アンカーを持った高分子を塩基性物質で中和した分散剤、もしくは塩基性アンカーを持った高分子を酸性物質で中和した分散剤です。分散効果は若干低下しますが、硬化反応への影響は軽減できます。

Q 3-4-7

セラミックスや金属の粒子分散液を固化させた時に、できるだけ密度を高くしたいのですが、どのような点に注意すればよいでしょうか？

A3-4-7

粒子分散液から形成する膜中で、溶剤蒸発後に粒子密度が低くなる要因は、①粒子同士のフロキュレート形成、②粒子以外の成分（分散剤、バインダー樹脂、添加剤など）の量、です。

Q3-3-2で説明したように、フロキュレートが形成されていると、膜中の粒子密度が小さくなるとともに、膜中に空隙が生じてしまいます。これを避けるためには、塗工条件としては、フロキュレートを壊すような高いずり速度で塗工します。

また、配合設計面からは、高分子分散剤などを吸着させて粒子間の相互作用を小さくしてフロキュレートを形成しにくくします。溶剤が揮散して膜厚が減少するにつれて、粒子同士が隙間を埋めるように流動することで、膜の密度が上昇します。

ただし、このような粒子分散液を塗工する際にはスクリーン印刷が多用され、その場合は、塗工から乾燥に至る間は、版離れ性や被膜のタレ防止のために、粒子分散液は擬塑性流動である必要があります。また、「粒子の分散安定性は分散剤により確保して、擬塑性流動はレオロジーコントロール剤により付与」というのが理想なのですが、被膜中の有機物質の量が増加してしまい、膜（成形物）の強度や導電性などを阻害してしまうので、悩ましいところです。

現状では上記の問題点を全て解決する手段・方法がありません。既存の分散剤、レオロジーコントロール剤の選択と配合量の最適化で対処する他はないようです。

索　引（五十音順）

〔あ　行〕

〔か　行〕

〔さ 行〕

〔た 行〕

〔な 行〕

〔は　行〕

〔ま　行〕

〔や　行〕

〔ら　行〕

〔数字・欧文〕

著者紹介

小林 敏勝（こばやし としかつ）

1980 年　京都大学大学院工学研究科工業化学専攻修士課程 修了
同 年　日本ペイント株式会社 入社
1993 年　京都大学博士（工学）「塗料における顔料分散の研究」
2000 年　岡山大学大学院自然科学研究科 非常勤講師（2000 年度のみ）
2002 ～ 2017 年　社団法人色材協会理事
2002 ～ 2005 年　色材協会誌編集委員長
2010 年　社団法人色材協会 副会長 関西支部長
2010 年～　東京理科大学理工学部 客員教授
2010 年　日本ペイント株式会社 退職
2011 年～　小林分散技研 代表
2014 ～ 2017 年　一般社団法人色材協会 副会長 関西支部長
2018 年～　一般社団法人色材協会 名誉会員 監事

■主な受賞
1989 年　色材協会賞 論文賞
1997 年　日本レオロジー学会賞 技術賞
1998 年　色材協会賞 論文賞
2009 年　大阪工研協会 工業技術賞
2020 年　日本塗装技術協会　特別賞（塗料における顔料分散技術の向上・普及への貢献）

■主な著書
「トコトンやさしい粒子分散の本」日刊工業新聞社、2022 年
「塗料大全」日刊工業新聞社、2020 年
「わかる！使える！塗料入門」日刊工業新聞社、2018 年
「きちんと知りたい粒子分散液の作り方・使い方」日刊工業新聞社、2016 年
「きちんと知りたい粒子表面と分散技術」（共著）、日刊工業新聞社、2014 年
「塗料における顔料分散の考え方・進め方」理工出版、2014 年

きちんと知りたい
粒子分散液の作り方・使い方　第2版
NDC576

2025年3月27日　初版1刷発行
定価はカバーに表示されております。

著　者　小　林　敏　勝
発行者　井　水　治　博
発行所　日刊工業新聞社
〒103-8548　東京都中央区日本橋小網町14-1
書籍編集部　03（5644）7490
販売・管理部　03（5644）7403
FAX　03（5644）7400
URL　https://pub.nikkan.co.jp/
email　info_shuppan@nikkan.tech
振替口座　00190-2-186076

印刷・製本　新日本印刷株式会社

2025　Printed in Japan
落丁・乱丁本はお取り替えいたします。
ISBN 978-4-526-08385-3